本书编委会

主　　编：许武毅

副主编：王　琦

编　　委：黄成德　崔玉明　徐长青　贾东旺　徐　兵

再版序言

通过朋友圈，我经常发现本书的主编许武毅先生活跃在各地的一些专题会议中，多数情况是他作为授课嘉宾而现身的。至于具体讲授的是什么，想必十有八九是他的关于节能玻璃这个老本行。

早起的鸟儿有食吃，勤奋的人儿有回报。经过 6 年的市场实践和知识沉淀，2016 年出版的《Low-E 节能玻璃应用技术问答》，今年又迎来了重新整理、修订后的第二版。主编许武毅先生在新鲜出版的读物里，不仅吸纳了一些近年来所取得的新技术，修订了一些过去的不足，补充了一些新的知识点，还颇为用心地就整本图书内容进行了结构优化，把原先罗列的 100 多个问题，进行了结构划分，分为基础知识、产品知识、外观与设计、功能与应用 4 个部分，便于读者从结构把握上系统学习理解和掌握。

《Low-E 节能玻璃应用技术问答》是一本指导节能玻璃如何制造和应用的具有很强实践性的小册子，针对性很强，言简意赅，很好地体现了作者的读者意识。新修订的作品，更是增加了编写力量，对于丰富新作品的内容和价值无疑发挥了很好的作用，也让新作品有了更具精准性的新材料、新技术和应用优化等方面的补充，更好地展现了作品的理论和应用价值。

科技与社会的进步是由多个侧面通过点滴进步不断累积的结果，是一个持续的动态过程。玻璃科技的进步，既有玻璃材料基础研究和玻璃新材料的体现，也少不了玻璃应用方面的功能创新。节能玻璃在节约能源、改善居住等方面具有很大作用，节能玻璃的创新和应用因此就更加必要。同时，经过制造与应用的互为推动，节能玻璃的科技与应用进步就会持续不断，对社会和居住发挥的作用也会不断彰显、扩大。

从以上的描述中可以感受到的是，一本好的读物，对推动科技进步乃至社会进步，都在发挥点滴的作用。因此，单就节能玻璃而言，可以说，新修订的这本小册子，对服务节能玻璃的新发展也许会发挥更大、更好的作用。

中国建材工业出版社、《中国建材报》社社长

2022 年 8 月

再版前言

　　《Low-E 节能玻璃应用技术问答》一书自 2016 年出版以来，受到玻璃制造和建筑门窗幕墙设计等行业读者的欢迎，市场销售和应用效果反映良好，得到了建筑玻璃制造和应用领域专业人员的支持和厚爱。

　　图书出版第二年，因其丰富实用的内容和良好的市场反馈，获得 2017 年度中国建筑材料联合会·中国硅酸盐学会建筑材料科学技术奖科技公益类三等奖。此外，书中提到的"太阳红外热能总透射比"概念被国家标准《建筑玻璃 可见光透射比、太阳光直接透射比、太阳能总透射比、紫外线透射比及有关窗玻璃参数的测定》（GB/T 2680—2021）采纳。欣慰之余更感到有责任把这本书修订得更加有益于读者的学习和使用。

　　修订版本着与时俱进的原则，对近几年建筑玻璃制造和应用领域涌现的新材料、新技术及其应用进行了部分增补。为了方便读者查阅，将原版编目调整为按"基础知识、产品知识、外观与设计、功能与应用"分部编目，既保持了知识点由浅入深的循序性，又便于快速查找关注的知识点。

　　本次修订成立了编委会，增加了编委，他们在玻璃制造行业具有多年的技术积累，在建筑玻璃应用领域具有多年的技术服务经验，其深厚的理论功底、踏实的制造技术知识、丰富的应用实践经验更加增强了本书的理论和应用价值。

感谢广大读者对本书的支持和厚爱，恳请大家提出宝贵意见，以便订正。

中国南玻集团特聘资深专家

2022 年 6 月

总　　序

我离开工作岗位已多年，但近五十年为行业服务的建材情结总让我割舍不掉对行业发展的关注，耳闻目睹她的进步兴奋不已；而面对水泥、玻璃的产能严重过剩带来的问题也感到十分犯愁。幸好的是，党和国家对经济发展有一系列明确的战略方针和政策措施，经济呈现稳中有进的良好态势。平板玻璃工业面临着转型升级、结构调整和节能减排等艰巨任务，以我之见，必须在正确定向下倾行业企业之全力，加之调动各级政府和社会力量形成之合力，才能推动、落实、解决好。我想到，鼓励"读书学习"，借以全面提高企业水平和职工素质，不乏是有效的一招。因此，我很高兴地同中国建材工业出版社副总编辑佟令玫女士见面切磋这个话题。她带着即将出版的《玻璃熔窑全氧燃烧技术问答》的书稿来看我，讲到出版社面对发展中的中国平板玻璃工业，深感努力担当起"服务经济建设，传播科技进步"的沉甸甸的社会责任这副担子，他们意欲组织行业内外专家学者和科技管理干部更多地编著理论和实践相结合、受行业职工和社会读者喜爱的玻璃科技图书，我很赞成，也欣然答应为这套丛书写序表达支持。

这套丛书涉及玻璃熔窑全氧燃烧技术、玻璃炉窑保温技术和 Low-E 节能玻璃三大方面的科技知识和技能，以问答的形式展现。我认为很实用，也很便于读者学习。在现阶段，玻璃方面的图书很少，能够高度契合行业发展需求的图书就更少了。这套技术问答丛书，让我眼前一亮，有久旱逢甘雨的感觉。行业里真的需要更多的人参与技术和产品的研发创新，需要更多元的形式传播科技成果，需要更多有担当的企业先行示范。这套丛书，将成为玻璃行业科技成果展现的好载体。

看到有这么多科技专家在玻璃工业领域潜心研究，并参与图书创作编写，我感到很欣慰。秦皇岛玻璃工业设计研究院、中国南玻集团股份有限公司以及中国中材玻璃工程设计院都是对我国平板玻璃工业进步发展有重要贡献的著名科技型企业，他们的专家担纲主持编写，对这套丛书的质量和水平有了保障。我看到了玻璃行业的未来和希望，感谢他们为推动我国玻璃工业科技进步所付出的心血和努力，这种求真务实、甘于奉献的精神值得我们学习。我也想借此表达我对中国建材工业出版社为行业的发展做出的努力和贡献的感谢。

祝丛书出版发行成功！

中国建筑材料联合会　名誉会长

2014 年 7 月 20 日

一种更具时空意义的社会责任

——兼作《Low-E 节能玻璃应用技术问答》出版序

在一次与本书作者许武毅先生见面交流时，我们谈到了著书立说和图书出版的话题。许武毅告诉我，过去写书这件事情想都没想过，总觉得写书是一件挺难、挺高大上的事情。写书，尤其是写专业图书，不仅需要对某个专题、领域具备系统、全面的知识，还需要站在发展的高度让图书内容具有前瞻性和指导性。写作专业图书的确是一件很严谨、很严肃的事情，不仅具体内容不能有错误，还得站在读者和使用者的角度替他们负责任，要经得起市场的评头论足。

过去人们常说教书先生如果水平不高就会误人子弟，其实一本图书也可以看成是一个"教书先生"，读者或者相关人员读了一本专业图书是希望从中获得知识、技能以及帮助、思考等，尽管一本书不可能包打天下帮助解决所有相关问题，但是至少要开卷有益。从这些角度看，写书确实是一件挺难、挺严谨的事情。

站在读者和社会的角度看问题，相对于其他形式的文字，因为图书更加强调要具有严谨性、系统性、权威性和专业性等特性，图书内容质量的高下就不仅仅是作者一个或者几个人的事情，而是成为一种社会责任感的体现。一本好的专业图书，小而言之可以给读者带来具有很好针对性的帮助与提升，大而言之可以给企业和产业的技术经济进步带来帮助和指导，因此可以说，写作一本好的专业图书至少体现了作者具有良好的社会责任感。这种责任感不仅仅包括作者的严谨性，体现在作者对于专业和读者负责任的态度上，也体现在作者通过自己的辛勤劳动将自己多年累积的知识、经验甚至于教训通过精炼的文字传播给社会的无私奉献精神上。

写书需要时间，需要作者牺牲不少休息时间，包括对于知识点的梳理、结构和逻辑的推敲、语言文字的拿捏把握等等，都是很消耗心力的。相对于院校科研机构的作者而言，来自于实业界的专家要写作一本专业图书，他所付出的时间和精力要更多。来自企业和社会的专家、作者这些年来随着出版的开放也逐步多了起来，这是一件好事情，是社会进步的一个侧面反映。与东拼西凑、天下书籍一大抄、过多着眼于商业目的而成就的图书相比，写作具有良好质量内容的专业图书，对社会而言其实是一件难以量化的善举，受益的人群具有空间大、时间久的特点。这样的社会责任体现的越多越好，这样的专家作者越多越好。

本书作者许武毅先生既是相识多年的老朋友，更是国内加工玻璃和建筑节能领域里的知名专家。因为他本人既要忙于南玻企业的事情，又有不少社会兼职，编著这本《Low-E 节能玻璃应用技术问答》图书，肯定是花费了他不少的时间和心血。如果更多的读者能够从阅读本书中受益，不管是加工玻璃企业、还是建筑设计和建筑施工领域的读者，以及工程甲方甚至于一般消费者，如果能够因本书而受益的话，其实就是对于作者所付出时间和心血的最好回报。

顾名思义，Low-E 节能玻璃是一种具有很好节能效果的加工玻璃产品。使用 Low-E 节能玻璃做成的门窗，不仅可以很好地提高居住舒适度，对于社会而言，更有助于实现建筑节能的大目标。现实的问题是，对于 Low-E 玻璃的优良性能和采用 Low-E 玻璃的重大意义，不仅是普通消费者了解不多，即便是建筑设计和建筑施工等专业领域乃至于相关政府机构领域里也有不少人对此是缺乏了解的。

持久地抓好建筑节能工作，是一种历史责任。普遍地、全面地尤其是着眼于既有建筑节能改造以及中小城镇、农村地区推广使用 Low-E 玻璃，对于当前以及今后而言，也是扩大国内消费，适应社会消费转型升级的要求，不仅利在当下，利在扩大内需，也是具有长期历史意义的另一种社会责任。

中国建材工业出版社　社长兼总编辑

前　言

　　1985 年读薄膜物理专业研究生的时候，我对这个专业几乎一无所知，没想到这竟成为我踏入建筑玻璃制造业的开端。从事建筑玻璃行业已近三十年，它对于我已经不仅仅是一份职业，而是一种融化在血脉里的挚爱和情怀，因此有了老许走到哪儿把玻璃讲到哪儿的趣谈。

　　近几年，在玻璃行业年会上结识了中国建材工业出版社佟令玫女士，并参加了两次出版社的新书首发仪式，看到昔日的老友们纷纷出版专业书籍，深为他们的敬业精神所感动，觉得自己多年来在玻璃制造与设计应用之间营造的"技术服务"环节，如今已积累了丰富的知识和经验，若能传递给行业里的新生代，哪怕仅起到抛砖引玉的作用，也是对行业的诚挚贡献。加之夫人一再鼓励我著书立说，于是应允了佟女士的写作之约。

　　这是一本写给建筑设计师、玻璃幕墙设计师、玻璃行业技术人员、高校建筑设计专业学生的建筑节能玻璃应用技术引导书。书中汇集了我在从事建筑玻璃的生产研发、节能应用研究、用户技术咨询、销售人员培训等工作中遇到的许多相关的问题，并以 Low-E 玻璃的节能性为线索，从节能的基本概念、常用建筑玻璃产品的性能、影响玻璃节能效果的因素、幕墙玻璃设计中应注意的问题、建筑使用功能及气候对选择玻璃的影响等方面，归纳出 100 个问题解答。

　　对于建筑设计师，本书可以帮助他们了解建筑玻璃的产品特性、设计中应注意的问题；对于玻璃行业的销售人员，本书有助于提升他们对玻璃产品的技术认知水平；对于高校建筑专业的学生，这是一本通俗易懂的建筑玻璃知识读本。写作中我力求由浅入深、贴近实用，衷心希望能如所愿。

笔耕一载，欣然成书，本书的写作中曾得到广东省建筑科学研究院杨仕超教授、我的同事黄成德博士的帮助，在此一并表示感谢。

谨以此书献给：我挚爱的玻璃行业、我职业生涯的舞台中国南玻集团、我的夫人吴萌女士。

中国南玻集团股份有限公司工程玻璃技术服务总监、高级工程师

2016 年 2 月

二、产品知识

一、基础知识

1. 自然环境中有哪些热能形式？各有什么特点？

自然环境中与玻璃节能有关的热能形式有三种：直射太阳辐射、反射太阳辐射、远红外热辐射。

顾名思义，直射太阳辐射来自太阳直射。反射太阳辐射是经建筑周围其他物体，如其他建筑上的 Low-E 玻璃反射的太阳辐射。到达地球表面的直射太阳辐射中可见光约占 47%，近红外光约占 51%，紫外光约占 2%。Low-E 玻璃反射的太阳辐射中近红外光占比更高。对门窗幕墙玻璃而言，在透过可见光的同时近红外光也会随之透过并进入室内，夏季这部分近红外光会直接引起室内温度升高，消耗空调的电能，冬季有助于室内采暖。是否需要限制它以及限制多少合适，与建筑物所在的气候区域和使用功能有关，应综合判断。

远红外热辐射一般是指波长介于 $2.5\sim50\mu m$ 的辐射，有温度的物体都会向外发出远红外热辐射，温度越高发出的热辐射强度越高，人体感受也越热（图 1 中虚线分别是 40℃ 和 100℃ 黑体辐射的光谱曲线）。室内、室外都存在着远红外热辐射，但不同季节里室内、室外存在的远红外热辐射量值差异较大。

2. 太阳辐射中包含哪些能量？

直射太阳辐射（也称太阳光、阳光）包含三部分辐射能量：紫外光、可见光、近红外光。

紫外光：波长为 $0.3\sim0.38\mu m$，能量约占太阳辐射总能量的 2%。其特点是人眼不可见、长时间照射会灼伤皮肤、具有杀菌作用、会使高分子化合物降解、引起织物和家具褪色等。

可见光：波长为 $0.38\sim0.78\mu m$，能量约占太阳辐射总能量的 47%。其特点是人眼可见，但不是热量的主要载体。不同波长的可见光具有不同的颜色，从长波到短波依次呈现出红色、橙色、黄色、绿色、青色、蓝色、紫色。镀膜玻璃呈现出不同的颜色正是利用了光的干涉技术使反射光的波长不同实现的。

近红外光：波长为 $0.78\sim2.5\mu m$，能量约占太阳辐射总能量的 51%。其特点是人眼不可见但热感强烈，是太阳热能的主要载体、影响建筑节能的主要因素。

总之，直射太阳光中可见光和近红外光约各占一半，紫外光与节能几乎无关。

3. 室外的远红外热辐射来自哪里？

室外环境中的远红外热辐射间接来自太阳，太阳光照射大气、地面、道路、建筑物后被吸收并使其温度升高成为热辐射源，再散发出来的热辐射的波长远大于太阳辐射的波长范围（如图1所示曲线覆盖的范围）。通俗地说，能量被吸收再辐射出来性质就变了，吸收的能量波长短，再辐射出来的能量波长变长，已经不是原来的形式了。夏季它是除太阳外来自室外的另一个主要热源。

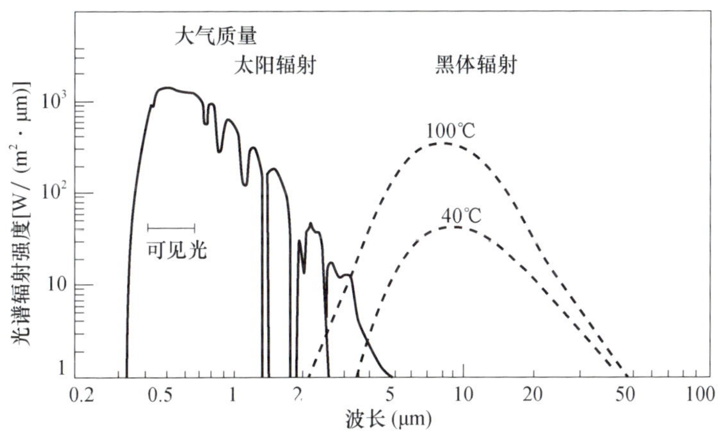

图 1　太阳辐射光谱曲线和黑体辐射光谱曲线示意图

4. 室内的远红外热辐射与室外比哪个更强？

室内的远红外热辐射是由暖气、人体、家用电器等低温热源产生的。冬季室外温度远低于室内温度，室外环境中的远红外热辐射非常微弱，与室内的远红外热辐射相比几乎可以忽略，此时保持室内的热能不外泄是节能的主要目标。夏季室内的远红外热辐射由家用电器、人体、吸收太阳照射能量和环境热量的家具及墙壁等发出，通常情况下，室外的远红外热辐射远远强于室内的远红外热辐射，阻挡室外的远红外热辐射进入室内是节能的主要目标。季节不同，远红外热辐射传递的方向（向内或向外）也不同，但是无论什么季节，限制远红外热辐射透过玻璃传递都是节能的根本目标。

5. 远红外热辐射是如何透过玻璃的？

图 2 是普通 6mm 透明玻璃的光谱透射率曲线，曲线在波长 2.9~4.5μm 区间，红外辐射的透过率很低。在波长大于 4.5μm 之后的区域曲线为零，则表明长波热辐射不能直接透过普通玻璃。那么远红外热辐射又是怎样透过玻璃的呢？实际上普通玻璃大多吸收了波长大于 4.5μm 红外热辐射，绝大部分吸收了波长 2.9~4.5μm 区间的热辐射，吸收这些辐射能量后玻璃温度升高成为辐射源，并再次向玻璃两侧散发（辐射）出热量，因此这部分热量最终还是有一部分透过了玻璃，只不过是以先吸收再辐射的方式透过玻璃的。

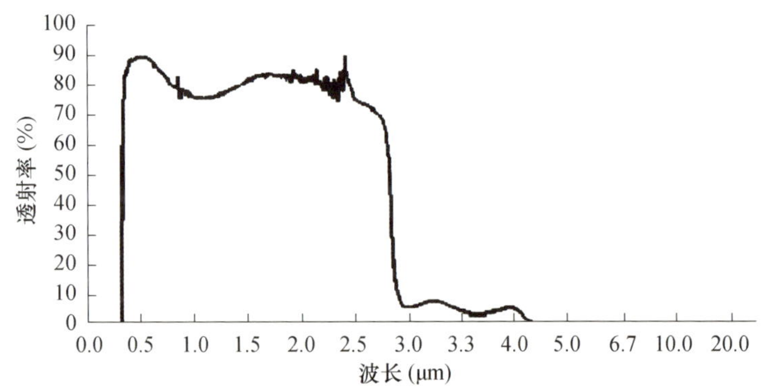

图 2　普通 6mm 透明玻璃的光谱透过曲线

对比图 1、图 2 可以看出，普通透明玻璃在波长范围 0.3~2.9μm 区间具有高达 80% 以上的透射率，而这个区间恰好完全覆盖了太阳辐射的波长范围 0.3~2.5μm，这说明太阳辐射几乎可以不受限制地透过。普通透明玻璃的特性决定了它既不能降低温差传热也不能限制太阳热量透过，因此是完全不具有节能性的建筑材料。

6. 什么是玻璃的表面辐射率？

"辐射率即半球辐射率（hemispherical emissivity），是辐射体的辐射出射度与处在相同温度的普朗克辐射体的辐射出射度之比。"这是现行国家标准《镀膜玻璃　第 2 部分：低辐射镀膜玻璃》（GB/T 18915.2）的定义。玻璃的表面辐射率就是玻璃的半球辐射率，是衡量玻璃表面吸收辐射能量达到平衡后再向外辐射能量的能力。辐射率低意味着玻璃表面吸收和向外辐射能量的水平低，通俗地讲就是吸热少再向外放出的热量也少。普通玻璃的表面辐射率高达 84%（0.84），常用 Low-E 玻璃镀膜面的表面辐射率低于 15%（0.15）。

7. 什么是太阳能直接透射比？

在太阳能光谱范围（波长 300~2500nm）内，直接照射透过玻璃的太阳辐射强度与入射太阳辐射强度的比值是太阳能直接透射比，以符号 T_{sol} 表示，通常也称"太阳能直接透射率"。

8. 什么是太阳能总透射比？

在太阳能光谱范围（波长 300~2500nm）内，直接照射透过玻璃的太阳辐射强度和玻璃吸收太阳能再经二次辐射传热透过的部分之和与入射太阳辐射强度的比值是太阳能总透射比，以符号 g 表示。它与太阳能直接透射比的区别是包含玻璃吸热后向室内的二次传热量。

9. 什么是太阳能反射比？

在太阳能光谱范围（波长 300~2500nm）内，玻璃反射的太阳能辐射强度与入射太阳能辐射强度的比值是太阳能反射比，以百分比表示。通常也称"太阳能反射率"。

10. 什么是可见光透射比？

在可见光光谱范围（波长 380~780nm）内，透过玻璃的光强度与入射光强度的比值是可见光透射比，以符号 T_{vis} 表示，通常也称"透光率"，是反映玻璃的透光程度的参数。透光率越高透过的光越多，更有助于室内自然采光。

11. 什么是可见光反射比？

在可见光光谱范围（波长 380~780nm）内，玻璃反射的光强度与入射光强度的比值是可见光反射比，以符号 R 表示，通常也称"可见光反射率"或"反射率"，反映玻璃反射可见光的程度。反射率越高玻璃的镜面效果越强，视线遮蔽性越好。镀膜玻璃两个表面的可见光反射比一般是不同的，因此实际使用中区分室内反射率 R_i、室外反射率 R_o。

12. 辐射率与反射率、透过率有什么关系？

外来辐射照射到玻璃表面时：一部分辐射能量被玻璃反射出去；一部分辐射能量被玻璃吸收；一部分辐射能量直接透射穿过玻璃。根据能量守恒定律，这三部分的能量之和应该等于入射辐射的能量，用等式表示就是

$$反射率 + 吸收率 + 透射率 = 100\%$$

当达到平衡状态时吸收多少能量就向外辐射出多少能量，因此有

$$吸收率 = 辐射率$$

如果透射率为零（或非常低），则辐射率越低，反射率必然就越高，这意味着多数辐射能量被反射出去而未被吸收。

13. Low-E 玻璃为什么节能？

Low-E 玻璃对节能的贡献从两个方面体现：一方面，Low-E 膜可以降低玻璃表面与空气之间的热量交换，减少玻璃两侧因温度差而引起的热量传递（温差传热），这会降低玻璃的温差传热量；另一方面，Low-E 膜能有效反射太阳辐射，从而限制太阳照射透过玻璃的辐射热能（辐射传热），这就降低了透过玻璃的太阳热能。Low-E 玻璃正是通过这两个途径降低透过玻璃的热量从而体现出节能性的。在实际应用中，Low-E 玻璃一般被制成中空玻璃、真空玻璃等结构使用。

14. 怎样计算透过玻璃的热能？

透过玻璃的热能由两部分构成：一部分为太阳照射进入室内的热能，包括直接照射透过热能和二次传热透过的热能；另一部分为温差传热透过的热能。单位面积玻璃透过热能的功率可由下式计算：

$$Q = I_0 \times SHGC + K \times （T_{室外} - T_{室内}）$$

式中　　　　　Q——单位面积玻璃透过热能的功率（W/m^2）；

　　　　　　　I_0——太阳辐射强度（W/m^2）；

　　　　$SHGC$——太阳能得热系数（又称太阳能总透射比、得热因子）（无量纲）；

$T_{室外}$、$T_{室内}$——室外、室内的环境温度（℃）；

　　　　　　　K——玻璃的传热系数 $[W/（m^2 \cdot K）]$。

计算时注意热量传递的方向，若进入室内的热能为正，则流出室内的热量为负，例如冬季室内温度高于室外，计算得出 $K \cdot （T_{室外} - T_{室内}）$ 为负值。

15. 什么是玻璃的传热系数？

玻璃的传热系数定义：稳态条件下，玻璃两侧环境温度差为 1K（℃）时，在单位时间内通过单位面积玻璃的热量，单位是 $[W/（m^2 \cdot K）]$。传热系数是衡量玻璃节能性的主要参数之一，需要注意的是，玻璃的传热系数仅指玻璃面板中部区域的传热系数，不考虑边缘的影响。

16. 传热系数反映玻璃的哪部分传热？

传热系数反映玻璃的温差传热性能，玻璃两侧因环境温度不同而导致通过玻璃传递热量，其量值为 $K \cdot （T_{室外} - T_{室内}）$，表示透过玻璃温差传热的功率。

17. 什么是玻璃的 K？它与玻璃的 U 有何区别？

K 和 U 都是表示玻璃传热系数的符号，中国标准体系一般采用 K 表示，欧美国家标准体系多采用 U 表示。K 与 U 的差别不在于表示的符号，而在于测试传热系数时所规定的边界条件不同，因此同一片玻璃的 K 和 U 的数值是有差别的。

18. 传热系数有几种测试方法，各有什么特点？

传热系数从测试原理上有两种测试方法：光谱测量计算法和热箱法。

光谱测量计算法是通过光谱仪测量单片玻璃的太阳能透射光谱、玻璃两个表面的太阳能反射光谱、玻璃的表面辐射率等基础数据，再根据玻璃的组合结构由专业的玻璃热工计算软件计算出其传热系数。这种方法的优点是需测试样片的尺寸小（100mm×100mm）、仅需测试单片玻璃、可计算出不同玻璃组合结构的参数、测试结果准确、测试成本低。目前国际上普遍采用此法。

热箱法由热室与冷室组成，被测玻璃置于两室之间，设定诸参数后测量计算出热流量，再计算出玻璃传热系数。这种方法的优点：测试结果是整个试件的参数，测试模拟真实环境。其缺点是测试样片尺寸大、测试时间长、测试结果误差大、测试结果仅适用于被测的玻璃结构、测试成本高。

19. 传热系数的测量与哪些边界条件值有关？

玻璃传热系数的测量与边界条件密切相关，包括玻璃两侧的空气温度、室外风速、室内空气流速、太阳辐射强度等。在真实使用环境中玻璃会面临各种复杂的环境边界条件，但是作为比较玻璃节能性的参数，可以统一规定这些边界条件值以获得同一的比较平台，这些边界条件由测量传热系数的标准做出规定。

20. 常见的测量传热系数的标准有哪几个？

目前国内基本依据现行行业标准《建筑门窗玻璃幕墙热工计算规程》（JGJ/T 151）和住房城乡建设部建筑门窗节能性能标识委员会规定的边界条件测量；欧洲多依据 EN673 标准（ISO 10292）测量；北美地区多依据美国 NFRC 100 或 ASHRAE 标准测量；其他国家采用美国标准的居多。国内建筑节能验收要求采用 JGJ/T 151 标准的方法及住房城乡建设部门窗节能性能标识委员会规定的边界条件测量，若参与国外绿色建筑认证，需按照美国 NFRC 100 或欧洲 EN673（ISO 10292）标准测量。

21. 不同测量标准的边界条件有何差别？

常用的测量传热系数的标准有中国标准、美国 NFRC 100 标准、欧洲 EN673（ISO 10292）标准的边界条件见表 1。

表 1　常用传热系数测量标准规定的边界条件

边界条件	中国标准	美国标准 NFRC 100		欧洲标准 EN673（ISO 10292）
	JGJ/T 151 及住房城乡建设部门窗节能性能标识委员会的规定	冬季	夏季	
室外温度（℃）	−20	−18	32	2.5
室内温度（℃）	20	21	24	17.5
室外风速（m/s）	3	3.3	6.7	4.5
太阳辐射强度（W/m^2）	夏季 500，冬季 300	0	783	0
室内空气流速	自然对流			固定换热量

从表 1 可看出，仅美国标准区分冬季和夏季的测量条件，其他标准只规定了冬季测量条件。考虑到传热系数是在标准条件下衡量玻璃温差传热特性的参数，既未考虑玻璃边部的影响也未计及实际使用环境中室内外温差和空气流速的差别，因此并不指望由此计算出真实的传热量，故仅采用冬季测量条件测量传热系数 K 更简便实用。

22. 不同测量标准测出的传热系数值是否相同？

不相同。不同标准中设定的测量边界条件值不同，而且各自建立的计算模型也有差别，中国的计算模型与美国的相近而与欧洲的差别大，因此对同一产品依据不同测量标准测出的传热系数也不同。以同一款典型的 Low–E 膜为例，分别组成 6LE+12A+6C、6LE+16A+6C 两种结构的中空玻璃，依据各标准测出的传热系数见表 2。

表 2　不同玻璃结构依据各标准测得的传热系数　　　W/(m² · K)

中空结构	中国标准 JGJ/T 151K	美国标准 NFRC 100		欧洲标准 EN673 U
		$U_{冬季}$	$U_{夏季}$	
6LE+12A+6C	1.78	1.78	1.76	1.72
6LE+16A+6C	1.82	1.81	1.53	1.50
6LE+12Ar+6C	1.53	1.52	1.48	1.43

注：为方便表示，用 LE 表示 Low-E 膜，A 表示空气，Ar 表示氩气（含量90%），6C 表示 6mm 白玻。

分析测量结果可以得出三个结论：其一，中国标准的 K 与美国标准的 $U_{冬季}$ 相等或相当，与欧洲标准的 U 差别较大；其二，由于中国和美国标准与欧洲标准的计算模型不同，因此中空气体层厚度对测量结果值影响非常大，关于气体层厚度的影响随后将详细分析；其三，对同一款产品欧洲标准测出的 U 始终是最低的，显然这并不表示欧洲生产的玻璃性能优于中国或美国，而是测量条件不同造成的结果。本书如未注明，均采用中国标准给出玻璃的光热参数。

23. 什么是太阳得热系数 $SHGC$？

太阳得热系数 $SHGC$（Solar Heat Gain Coefficient）：透过玻璃的太阳辐射总能量（包括太阳直接照射透过玻璃的能量和玻璃吸热后向室内二次辐射的能量）与入射的太阳辐射能量之比，也称太阳得热因子（Solar Factor）或太阳因子。其实它就是太阳能总透射比 g，只不过换了个称呼而已。中国基础标准和产品类标准中多采用 g 表示，建筑热工应用标准中多采用 $SHGC$ 表示。

24. 什么是太阳红外热能总透射比 g_{IR}？

太阳红外热能总透射比 g_{IR} 为在太阳光谱的近红外波段 780~2500nm 范围，直接透过玻璃的太阳辐射强度和玻璃吸收太阳能经二次传热透过的部分之和与该波长范围入射太阳辐射强度的比值。

现行常用标准太阳能总透比 g 的光谱计算范围为 300~2500nm，包括太阳光中的紫外光、可见光和红外光，而紫外光、可见光对建筑得热的真实贡献微弱，主要贡献来源于红外光，故有必要引入 g_{IR} 指标更准确表征，g_{IR} 也可简单理解为"透热率"。

25. 什么是玻璃的遮阳系数 Sc ？

遮阳系数 Sc（Shading Coefficient）：玻璃的太阳能总透射比与 3mm 标准普通透明玻璃的太阳能总透射比的比值。玻璃的遮阳系数 Sc 反映太阳辐射透过玻璃的传热量，包括太阳直接照射透过热量和玻璃吸热后向室内二次辐射的热量。Sc 越低表明透过这款玻璃的太阳辐射能量越少。在以往的其他应用标准中也被称为遮蔽系数 Se，目前新编制或修订的相关标准统一称为"遮阳系数"。

26. 遮阳系数 Sc 与太阳能总透射比 g 有何关系？

这两个参数都是反映太阳辐射透过玻璃传热量的参数，两者是相关的，根据遮阳系数的定义可知其换算关系为

$$g = 0.87 \times Sc$$

式中　0.87——标准 3mm 透明玻璃的太阳能总透射比。

由于太阳能总透射比 g 的物理意义更清晰明了，新修订建筑节能设计标准更倾向于采用 g 或 $SHGC$。

27. 什么是整窗遮阳系数及外窗综合遮阳系数？

整窗遮阳系数 SC 是在给定条件下，透过整窗（包括窗框和玻璃）的太阳辐射热量与透过相同条件下相同面积的标准窗户（包括窗框及 3mm 厚透明玻璃）的辐射热量的比值。

整窗的遮阳系数其实就是玻璃的遮阳系数与窗框的遮阳系数按投影面积的加权平均值，按下式计算：

$$SC = \left(Sc_{玻璃} \times A_{玻璃} + Sc_{框} \times A_{框} \right) / A_{窗}$$

式中　$A_{玻璃}$、$A_{框}$、$A_{窗}$——玻璃面积、框投影面积、整窗面积。

外窗的综合遮阳系数 Sw 是考虑窗本身和窗口的建筑外遮阳装置综合遮阳效果的一个系数，其值为窗本身的遮阳系数（SC）与窗口的建筑外遮阳系数（SD）的乘积。

28. Sc 与 SC 有区别吗？

两者尽管都表示遮阳系数，但第二个字符大写、小写所表示的含义不同。一般来说字符小写的 Sc 仅表示玻璃本身的遮阳系数，而字符大写的 SC 则表示玻璃与窗框或玻璃与幕墙边框构成系统的遮阳系数，由于边框本身的遮阳系数一般都非常低，因此对同一块玻璃，SC 往往小于 Sc，使用中应注意区别。

29. 什么是玻璃的光热比 LSG？其与选择系数 r 是什么关系？

在实际使用中透过玻璃的光与透过玻璃的太阳能关乎到采光和隔热性能，二者的关联度很大且与玻璃的品种密切相关，反映这个关联度的参数就是"光热比"（LSG），现行国家标准 GB/T 2680 的定义是"可见光透射比与太阳能总透射比的比值"，即

$$LSG = T/g$$

通过 LSG 可一目了然地看出来透过玻璃可见光多还是太阳总能量多，比例是多少。注意，其中的透光率 T、太阳能总透射比 g 是最终玻璃结构产品的值。

例如 A 玻璃的 $LSG=1$，说明其透光率与太阳总能总透射比的在数值上是一样的；若 B 玻璃的 $LSG=2$，说明其透光率比太阳能总透射比高出一倍，即透光多透热少。

选择系数 r 是早期镀膜玻璃制造行业用来比较镀膜玻璃产品透光与透热孰多孰少的参数，其含义与光热比相同，其定义式为

$$r=T/Sc$$

考虑到遮阳系数 Sc 与太阳能总透射比 g 关系（$g=0.87 \times Sc$）可得出二者之间的换算关系为

$$r=0.87 \times LSG$$

鉴于现行节能设计标准多修订采用太阳得热因子（太阳能总透射比 g），因此光热比 LSG 应用将越来越多。

30. 什么是相对热增益，如何计算？

相对热增益也称相对增热 RHG（Relative Heat Gain）：在美国 NFRC 标准规定的夏季条件下（表 1），按公式（见"怎样计算透过玻璃的热能？"）计算得出透过玻璃的瞬间传热功率。RHG 是在太阳照射下、室内外固定在标准温度的条件得出的，它仅反映玻璃在该条件下的瞬间传热功率，用以衡量玻璃的节能性意义不大，目前已很少使用。

31. 什么是 Window 软件？

Window 软件是美国伯克利劳伦斯国家实验室（LBNL）开发的门窗热工性能计算软件，可由 LBNL 网站免费下载，该软件可根据国际玻璃数据库录入的各种单片玻璃的基础光热参数如可见光透射比和反射比、太阳能透射比和反射比、辐射率等，计算出不同标准环境条件下各种玻璃组合结构的光热性能参数、玻璃各表面的温度值、玻璃反射和透过颜色的参数等。国内外的镀膜玻璃制造商、第三方检测机构、建筑节能设计单位已广泛使用多年，目前仍是计算玻璃光热参数的主流软件。Window 5 为第五代版本，目前已经发展到第七代版本，即 Window 7。图 3 是 Window 6.3 计算 Low-E 中空玻璃热工性能参数的截屏，图 4 是 Window 6.3 计算 Low-E 中空玻璃各表面温度值的截屏。

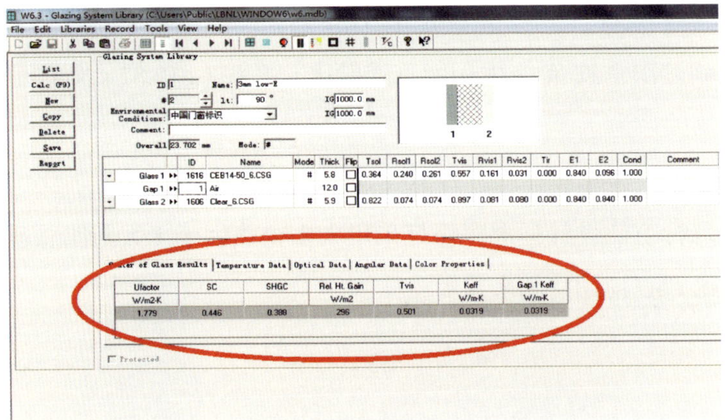

图 3　Window 6.3 计算 Low-E 中空玻璃热工性能参数的截屏

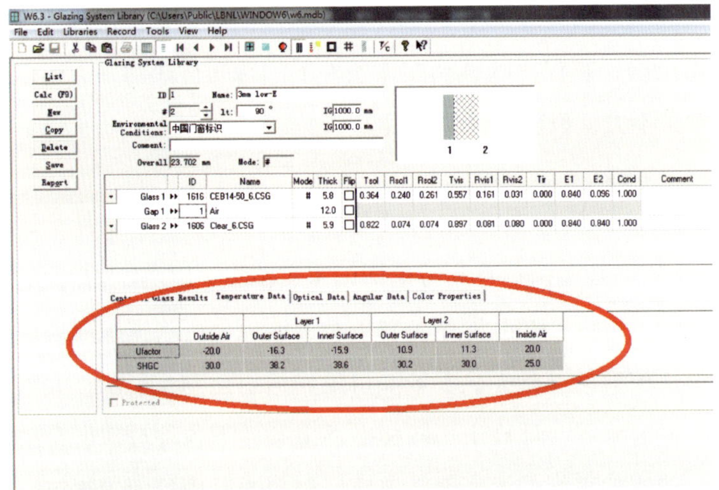

图 4　Window 6.3 计算 Low-E 中空玻璃各表面温度值的截屏

32. 国内有与 Window 软件相似的软件吗？

国内有与 Window 软件相似的玻璃热工性能计算软件，其中广东省建筑科学研究院开发的 Optics CC 软件与 Window 软件的功能相当，而且是依据现行国家标准《民用建筑热工设计规范》（GB 50176）、《建筑门窗玻璃幕墙热工计算规程》（JGJ/T 151）及《中国玻璃数据库精准格式》编制的，已通过了住房城乡建设部的权威评估，因此更符合我国的国情。

33. 什么是玻璃数据库？

玻璃数据库是单片玻璃的基础数据的集合，单片玻璃可以是各种厚度的透明玻璃、着色玻璃及各种镀膜玻璃（含 Low-E），基础数据包括玻璃在太阳辐射波段的透射光谱、玻璃两个表面在太阳辐射波段的反射光谱、玻璃两个表面的半球辐射率、制造商名称和玻璃型号等。玻璃数据库是热工计算软件的依据，打个比方若热工计算软件是枪，玻璃数据库就是弹药。

国际玻璃数据库（IGDB）由美国 LBNL 管理并定期维护更新，目前已有来自世界各国的 27000 多个产品的数据。中国建筑玻璃与工业玻璃协会在住房城乡建设部的支持下建立了中国玻璃数据库，可配合 Window 和 Optics CC 软件使用。

34. 怎样用 Window 软件计算 g_{IR}？

从 LBNL 网站上免费下载 Window 6 软件，还需要修改标准文件加入才能使用 Window 软件计算 g_{IR}。以 Window 6 软件为例具体修改及设置步骤如下：

（1）打开电脑 C 盘目录 C：/Program Files/LBNL/LBNL Shared/Standards，用写字板程序打开 NFRC_300_2003.std 文件，文件截屏如图 5 所示。

```
Standard Description : Consistent with NFRC 300-2003 + emittance calcs
Standard Provides Methods: SOLAR, PHOTOPIC, THERMAL IR, TDW


Name : SOLAR
Description : NFRC 300-2003 Solar
Source Spectrum : ASTM E891 Table 1 Direct AM1_5.ssp
Detector Spectrum : None
Wavelength Set : Source
Integration Rule : Trapezoidal
Minimum Wavelength : 0.3
Maximum Wavelength : 2.5
```

图 5　NFRC_300_2003.std 文件截屏

将文件名另存为 JGJ151_780-2500.std，修改 6 处内容（图 6）并在原文件夹中保存此文件，其中前二处修改的内容是说明性质与计算无关。

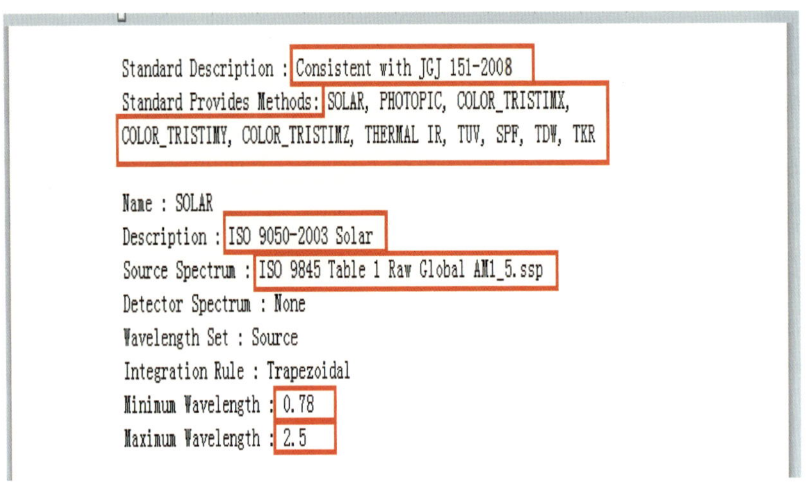

图 6　修改 JGJ151_780-2500.std 文件后的截屏

（2）启动 Window 6 软件，单击左上角 File 下拉菜单中的 Preferences（图 7）。

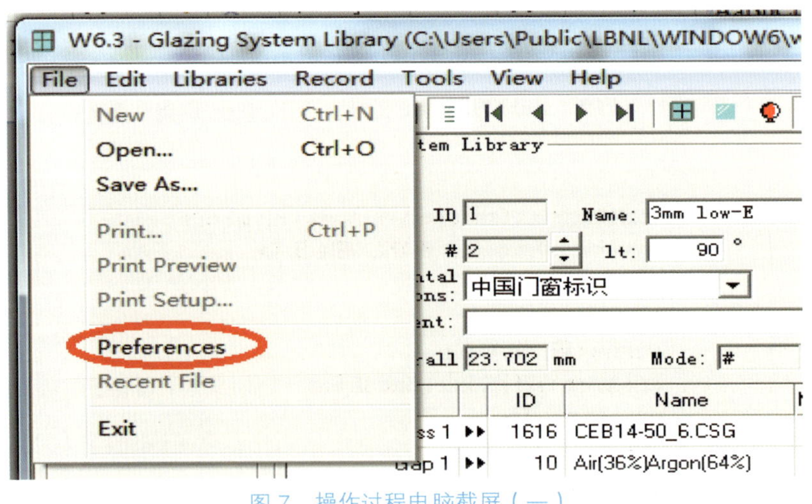

图 7　操作过程电脑截屏（一）

（3）出现图 8 所示屏幕后单击 Optical Data，再单击 Browse。

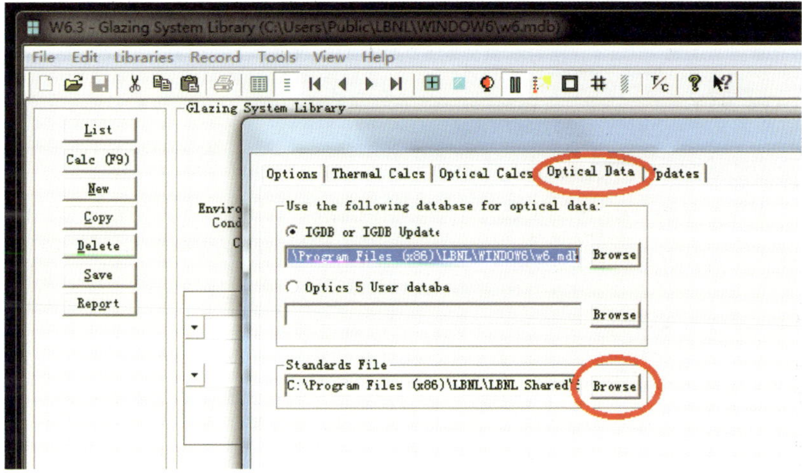

图 8　操作过程电脑截屏（二）

（4）出现图 9 所示屏幕后选择 Standards 文件夹，并选择 JGJ151_780-2500.std，打开并确定。

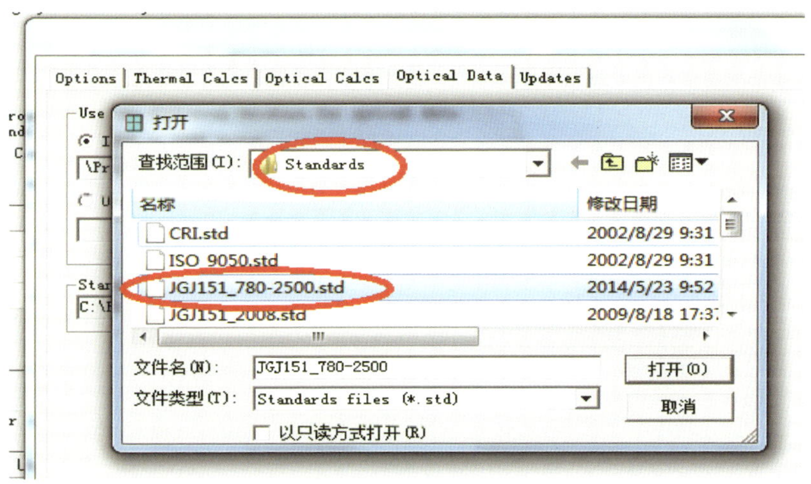

图 9　操作过程电脑截屏（二）

至此完成全部修改，可用 Window 6 软件计算"太阳红外热能总透射比 g_{IR}"了，需要注意的是，此时计算结果所显示的 *SHGC* 已经不代表太阳得热因子而是 g_{IR}（图 10）。

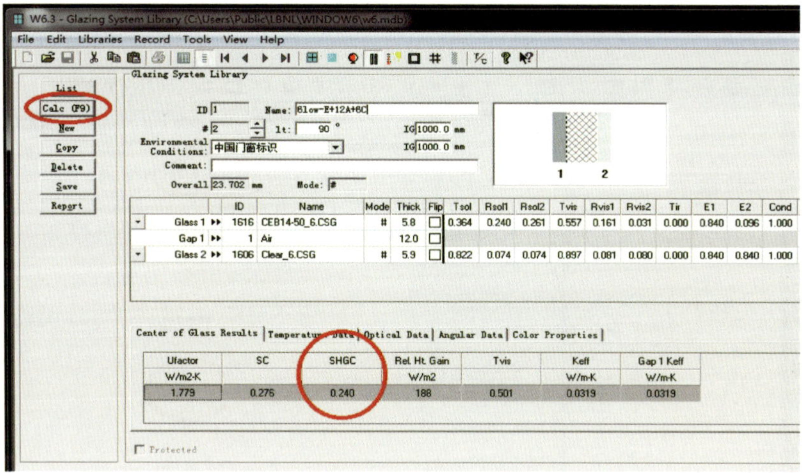

图 10　计算 g_{IR} 结果的截屏

二、产品知识

35. 建筑玻璃原片主要有哪些品种?

建筑平板玻璃原片的常见品种有普通透明玻璃(俗称白玻或清玻)、超白玻璃(也称低铁玻璃)、F 绿色玻璃、H 绿色玻璃、欧洲灰色玻、水晶灰色玻、灰茶色玻、金茶色玻、海洋蓝色玻、浅蓝色玻等。国内目前主要生产白玻、超白玻、F 绿玻、水晶灰玻、欧洲灰玻、蓝玻、浅蓝玻、灰茶玻。

36. 镀膜玻璃分为几大类?

镀膜玻璃分为两大类:阳光控制镀膜玻璃和低辐射镀膜玻璃。

阳光控制镀膜玻璃也称热反射镀膜玻璃,其膜层由不锈钢、铬、镍、钛等金属及其氧化物或氮化物构成,不具有低辐射特性,可以反射阳光中的可见光和部分红外线,具有一定的遮阳效果,但可见光透过率非常低。由于阳光控制镀膜玻璃的外观颜色丰富多彩,目前多被用于建筑外装饰,在节能门窗幕墙玻璃领域已基本上被低辐射镀膜玻璃取代。

37. 什么是 Low-E 镀膜玻璃? 它们是用什么方法制造的?

Low-E 镀膜玻璃即低辐射镀膜玻璃,英文名为 Low emissivity coating,因此也称 Low-E 镀膜玻璃。低辐射镀膜玻璃是通过物理或化学方法在玻璃表面镀制具有低辐射率性能的薄膜制成的,简称低辐射玻璃。目前商业化制造 Low-E 镀膜玻璃的成熟工艺技术有真空磁控溅射工艺(物理方法)和化学气相喷涂工艺(化学方法)。

真空磁控溅射工艺制造的低辐射镀膜玻璃(Low-E 镀膜玻璃)中采用了具有低辐射性能的金属材料金或银,考虑到制造成本,Low-E 玻璃基本上为采用银材料镀膜制造,是目前节能玻璃的主流产品。

38. Low-E 玻璃具有哪些特点?

简单来说 Low-E 玻璃具有下述特点:

传热系数 K 低,抗拒温差传热的能力强,对冬季、夏季的节能都有利;

遮阳系数 Sc 范围广，可满足不同地区遮阳的需要；舒适性能好，可防止阳光暴晒，均衡室内温度；除在线 Low-E 膜和无银 Low-E 膜外，有银离线 Low-E 膜不能单片使用。

39. 何谓单银 Low-E、双银 Low-E、三银 Low-E？

普通离线 Low-E 仅含单层银膜，一般由 5 层膜层组合构成，其中的主要功能层为纯银层；双银 Low-E 理论上由 9 层膜层构成，其中的主要功能层为两层纯银层，两层纯银层之间由多层金属膜及介质膜隔开；三银 Low-E 理论上由多于 13 层膜层构成，其中含有三层纯银层，各银膜之间由多层金属膜及介质膜隔开（图 11）。实际上商业化生产的双银、三银 Low-E 产品的膜层并不拘泥于上述理论膜层数，可以根据光学或热工需要增加或复合更多膜层。

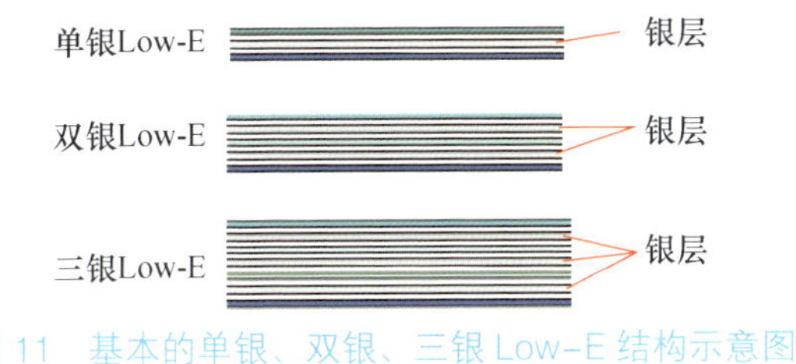

图 11　基本的单银、双银、三银 Low-E 结构示意图

单银、双银、三银 Low-E 的称呼来自膜层构造，由于各层膜的厚度都非常薄（为几十纳米），因此宏观上来看它们都是镀在玻璃表面上的一种膜，但是其透光和透热的性能差别非常大。

需要注意的是，这个称呼不是国家标准定义的名称，在产品类标准中将它们统称为低辐射镀膜，在应用标准类中用其性能来划分。

40. 什么是"在线 Low-E 玻璃"？它有什么特点？

"在线 Low-E 玻璃"是在制造浮法玻璃的生产线上，在玻璃成型的高温区采用化学气相喷涂技术镀制的 Low-E 膜，由于镀膜过程是在制造平板玻璃的生产线上完成的，因此行业内称这种技术制造的低辐射玻璃为"在线 Low-E 玻璃"，其低辐射功能层是半导体化合物。

在线 Low-E 膜的优点是在高温玻璃表面制成的膜与玻璃结合牢固、耐划伤，因此也称为"硬镀膜"，可单片使用；其缺点是膜层厚度控制精度差，无法制成多层干涉膜系以有选择地控制透过膜层的太阳能光谱，且膜层的反射颜色单一，辐射率偏高（大于 0.15）。

41. 辐射率低到多少才算 Low-E 玻璃?

物理学上将所有辐射率低于 0.15 的物体归类为低辐射物体，这样看来 Low-E 玻璃的辐射率应低于 0.15，现实中有银离线 Low-E 玻璃的辐射率均低于 0.15，双银约到 0.07，三银 Low-E 玻璃甚至低至 0.02。

在线 Low-E 玻璃的辐射率高于 0.15，在 0.18~0.26，严格来说不属于低辐射物体。因此，国外也称其为 K 玻璃。尽管如此，在线 Low-E 的辐射率仍远低于普通玻璃的 0.84，因此我国镀膜玻璃标准也将其纳入低辐射玻璃系列而称为"在线 Low-E 玻璃"。

42. 什么是"离线 Low-E 玻璃"? 它有什么特点?

"离线 Low-E 玻璃"是由真空磁控溅射镀膜生产线制造的，其原理是在真空环境中通过负高电压和工作气体形成的等离子体将固体材料（靶材）转移到玻璃表面淀积成薄膜，工作气体为氩气时淀积的膜与靶材料相同，工作气体为氧、氮等活性气体时淀积的膜为靶材料与气体反应生成的化合物。一般的镀膜玻璃生产线都配置有多个不同的靶材，可以连续镀制不同材料的独立膜层并叠加成多层复合薄膜。由于镀膜过程是在独立的镀膜玻璃生产线上完成的，因此称为"离线 Low-E 玻璃"，其中的低辐射功能层主要是金属银层。

"离线 Low-E 玻璃"的优点是膜层厚度控制精准，可制成多层光学干涉膜系以有选择地控制透过膜层的太阳能光谱，例如典型的多层光学干涉膜系产品——双银 Low-E、三银 Low-E 只能采用离线镀膜技术生产。此外，膜层的反射颜色多样可调，辐射率低（小于 0.15）；其缺点是膜层硬度不足、耐腐蚀性差，因此也称为"软镀膜"。

需要说明的是，目前最新技术生产的离线无银 Low-E 膜具有耐磨、耐腐蚀的特性，类似"硬镀膜"，因此膜层可朝向室内面使用，简称无银 Low-E 膜、室内面 Low-E 膜。

43. 什么是"离线可钢化 Low-E 玻璃"？它有什么特点？

普通离线 Low-E 镀膜玻璃不可进行热加工，加工工艺流程为先切裁、磨边、钢化、夹层加工后再镀膜，俗称"先钢后镀工艺"。

离线可钢化 Low-E 玻璃的膜层具有良好的耐温性、抗氧化及耐磨性，可在钢化、热弯等热加工处理后仍保持 Low-E 膜层的性能稳定，加工工艺流程为先镀膜，再进行切裁、磨边、钢化、夹层、中空等加工，俗称"先镀后钢工艺"。此类镀膜产品可长期存储和远距离运输，便于远离镀膜生产厂的深加工厂家进行再加工，满足异地深加工的要求，因此离线可钢化 Low-E 玻璃又称为"可异地加工 Low-E 玻璃"。这种加工模式为带膜热加工，钢化平整度和颜色一致性不易控制；若玻璃厚度过厚（大于 10mm），热加工时间会延长，产品容易出现色差及麻点等缺陷，因此不适合制作厚板玻璃。

44. 什么是"离线无银 Low-E 玻璃"？它有什么特点？

离线无银 Low-E 玻璃是采用真空磁控溅射镀膜技术，在玻璃表面镀半导体化合物制成的低辐射镀膜玻璃。该类镀膜玻璃具有耐磨、耐腐蚀、抗氧化、可二次热加工，膜层可裸露于室内环境下使用等优点，具有良好的基材适应性，可在各种玻璃原片上镀膜。

无银 Low-E 玻璃可以单片使用或制成夹层玻璃使用，也可以复合成中空玻璃使用。单片或夹层，膜面朝室内使用时，可以将传热系数 K 值从 5.8W/（$m^2 \cdot K$）降低到 3.5W/（$m^2 \cdot K$）以下。与其他 Low-E 结合制成单腔双膜中空玻璃且膜面位于室内面时，可降低玻璃室内表面换热系数，使中空玻璃的传热系数 K 低于 1.4W/（$m^2 \cdot K$），如充惰性气体的传热系数 K 则低于 1.3W/（$m^2 \cdot K$）。

45. 离线 Low-E 膜的寿命有多长?

基于节能效果考虑,所有 Low-E 玻璃基本都被制成中空玻璃使用,而 Low-E 膜位于中空玻璃腔体的内部,因此关于 Low-E 膜层寿命的问题转换成了中空玻璃寿命的问题。中空玻璃腔内为干燥气体,露点达到 −40℃以下,即水蒸气稀少到在玻璃内表面温度低于 −40℃后才会结露。在这样干燥的环境中 Low-E 膜是持久稳定的,因此可以说 Low-E 膜与中空玻璃同寿命,国内外几十年的实际使用经验已经证实了这一点。现实使用中发生的 Low-E 中空玻璃膜层变色、腐蚀等现象,经检测分析均为中空玻璃密封失效、水汽渗入而造成。

离线无银 Low-E 膜层为半导体化合物,属于非金属膜层,不存在膜层氧化的问题,故其寿命与热反射镀膜玻璃相同。

46. 玻璃原片如何在膜代号中反映?

玻璃原片按国际惯例一般由膜代号中第一位数字表示,0—超白玻,1—白玻,2—绿玻,3—灰玻,4—茶玻,5—蓝玻,6—蓝绿玻。例如,南玻集团的 Low-E 产品 CEF16-50 表示在白玻上镀膜,而 CEF26-50 表示在绿玻上镀同样的膜;美国 Viracon 公司的 VUE340 表示在灰玻上镀 Low-E 膜,而 VUE440 则表示在茶玻镀同样的膜。当然也有些制造商或产品不按此规则编号。

47. 玻璃边部加工有什么要求?

玻璃边部处理的主要目的是消除切割带来的玻璃边部微缺陷,以减少后续加工和使用过程中的破裂概率,增加玻璃的安全性。

倒棱:对玻璃边角棱进行研磨加工,主要适用于切割掰断后具有光滑侧面的玻璃。

细磨:也称精磨,采用 180 目或以上磨轮对玻璃边部倒棱面和断面进行研磨加工,研磨后加工面呈现漫反射效果。

抛光：对玻璃边部倒棱面和断面进行研磨并抛光后，加工面光亮均匀且表面粗糙度 Ra 在 0.2~0.05μm，抛光后玻璃加工面呈光亮透明的效果。

48. 玻璃钻孔的设计要求及注意事项有哪些？

玻璃钻孔分三类——圆孔、喇叭孔、异型孔（如方形孔、椭圆孔等），不钢化的玻璃一般不做要求。对钢化及半钢化玻璃的设计要求如下：

（1）孔直径 D≥玻璃公称厚度 d。

（2）孔的边部距玻璃边部的距离 a（图 12）不应小于玻璃公称厚度 d 的 2 倍。

（3）两孔孔边之间的距离 b（图 13）不应小于玻璃公称厚度 d 的 2 倍。

（4）孔的边部距离玻璃角部的距离 c（图 14）不应小于玻璃公称厚度 d 的 6 倍。

（5）异型孔角部为避免应力集中不能是直角应进行圆弧处理，圆弧直径不小于玻璃公称厚度 d 的 2 倍，越大越益于加工和安全。

（6）如孔的边部距玻璃边部的距离 a 受到安装位置所限，不得不小于玻璃公称厚度 d 的 2 倍时，应在玻璃孔边缘至玻璃边缘开应力槽消除应力，避免应力集中破损，如图 15 所示。

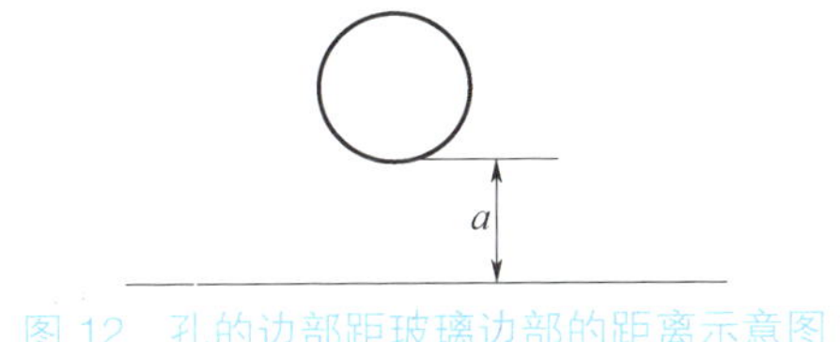

图 12　孔的边部距玻璃边部的距离示意图

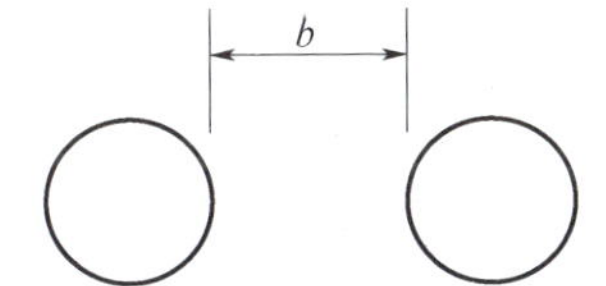

图 13　两孔孔边之间的距离示意图

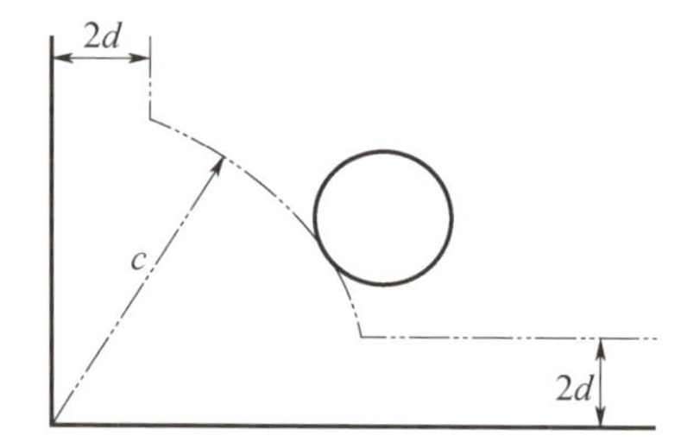

图 14　孔的边部距玻璃角部的距离示意图

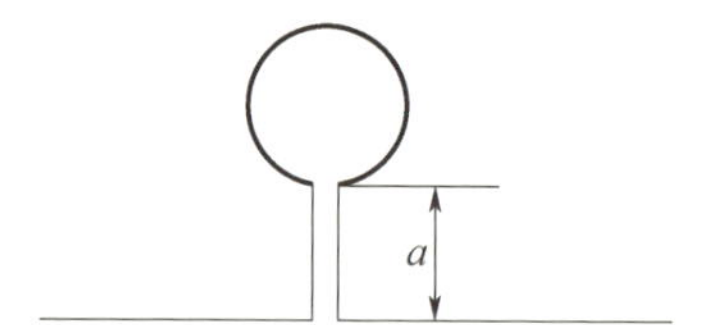

图 15　在玻璃孔边缘至玻璃边缘开应力槽示意图

49. 什么是钢化玻璃、半钢化玻璃？它们有哪些特点？

钢化玻璃（半钢化玻璃）是通过加热并急冷处理的玻璃，使玻璃表面呈现均匀的压应力、内部呈现均匀的张应力，从而使玻璃的柔韧性更好、强度增加数倍。形象地说，钢化玻璃的上下表面就像往中间收缩的弹簧网，而内部中间层则像往外张的弹簧网，在玻璃弯曲时外表面的弹簧被拉伸开，这样它就能弯曲更大的弧度而不断裂，这就是韧性和强度的来源。若因某种原因破坏了这个张、拉平衡的网，钢化玻璃就会解体破裂成碎小的颗粒（图16）。

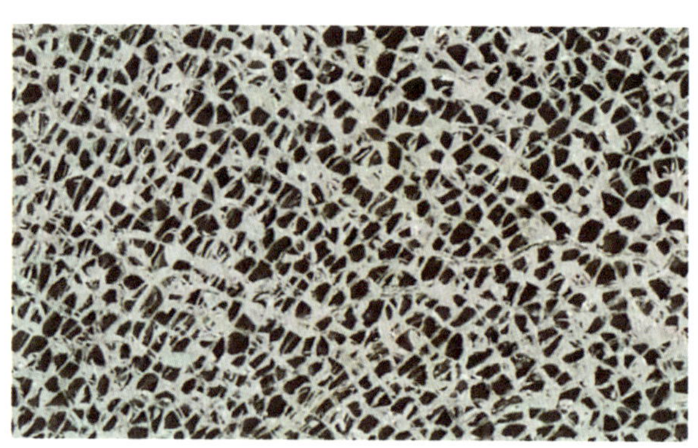

图 16　钢化玻璃破碎后的照片

钢化玻璃具有以下特点：

安全性：钢化玻璃的强度是普通玻璃的 3~4 倍，破碎后呈小颗粒状，可将玻璃破碎后坠落或飞溅造成的破坏性降至最小，因此属于安全玻璃。

热稳定性：钢化玻璃具有很好的热稳定性，在同一片玻璃上可存在 200℃ 的温度差而不产生热炸裂。

存在自爆现象：钢化玻璃有在自然放置状态破裂的现象，同时钢化加工过程会影响玻璃的平整度。

半钢化玻璃顾名思义是介于普通玻璃与钢化玻璃之间的品种，它的强度是普通玻璃的 2 倍左右，破碎后碎片较大（图 17），因此不属于安全玻璃；半钢化玻璃破裂的裂纹不会相交，虽不属于安全玻璃但四边夹持安装时即便破裂，每一块碎片都被边部固定着，因此仍具有一定的安全性；其热稳定性弱于钢化玻璃，可耐 100℃ 的温度差而不产生热炸裂；最大的优点是不存在自爆的缺陷。需要注意的是，10mm 及以下厚度的玻璃才能被加工成半钢化玻璃，厚度在 12mm 及以上的玻璃很难被加工成半钢化玻璃，即便加工出来也不符合半钢化产品标准。

图 17　半钢化玻璃破裂后的照片

50. 什么是钢化玻璃自爆？钢化玻璃自爆率是多少？

钢化玻璃自爆是指在无外力作用下因玻璃内部应力而引发的炸裂，导致自爆的主要原因是玻璃中的硫化镍（NiS）晶体在相变时体积增大或硬质硅晶体膨胀，使张应力大于拉应力，破坏了张、拉的平衡力导致玻璃破碎。

由于现有浮法玻璃生产线的在线检测设备无法测出粒度数微米的硫化镍或硬质硅晶体，因此不可预知自爆，所以自爆成为钢化玻璃的固有属性或缺陷。

自爆率是事后统计的数据，无科学依据仅具有商业意义。自然界生产玻璃所用材料中的杂质含量大致有谱，根据大数据通过玻璃材料中所含杂质的数量推断玻璃的自爆概率是科学合理的，多年累计的统计结果显示 4~8t 玻璃中可能含有一粒能致钢化玻璃破碎的硫化镍，取平均值 6t 含一粒杂质计算，按幕墙常用的玻璃尺寸为 6mm 厚、1.2m × 2.6m 规格计算，每 1000 片玻璃重约 47t，这些玻璃中就可能含有 8 粒能导致自爆的硫化镍晶体，由此可推断出这种规格钢化玻璃的自爆概率为 0.8%。玻璃越厚、尺寸越大，同等质量玻璃材料造出的玻璃片数越少，但硫化镍或硬质杂质含量还是这么多，因此自爆率会越高，假设一片钢化玻璃为 6t，估计它肯定会自爆，当然也没有这么大尺寸的玻璃。目前行业界认同的 0.6% 是界定破损补片的商务条款，因为在工厂生产钢化玻璃、后续其他加工和搬运的过程中自爆就陆续发生，实际使用中约定这个数值是合理的。需要注意，应预见到超大板块的玻璃自爆率会高得多，最好单独评估并采取措施。

51. 什么是彩釉玻璃？彩釉玻璃的加工方式有几种？

建筑用彩釉玻璃是将无机釉料印刷到玻璃表面，经烘干、钢化或半钢化热处理后，釉料永久烧结于玻璃表面制成的耐磨、耐酸碱的彩色装饰性玻璃产品。

彩釉玻璃可以采用丝网印刷、滚筒印刷、数码打印等工艺。

丝网印刷是用菲林将图案转印到丝制网板上，曝光后的网板将图案部分镂空，釉料透过丝网涂布于玻璃表面的工艺。丝网印刷可一次性加工单色非细密性图案，但不宜加工套色组合图案。图案过于细密时，由于丝网的伸缩易导致图案粘连及图形变形。

滚筒印刷是将釉料经由滚筒转印到玻璃表面的工艺，适用于制作满板单色彩釉玻璃，但由于釉料涂布厚度均匀性较差，不宜透视安装使用。

数码打印是采用彩釉数码打印设备将专用釉料通过喷墨方式打印至玻璃表面的工艺。数码打印机有多色喷嘴，可打印多种色彩和精细图案。

52. 什么是均质钢化玻璃？它有什么优点？

均质钢化玻璃是对钢化玻璃做均质处理后的产品，目前已有该产品的国家标准。均质处理工艺是将钢化玻璃置于均质炉内，保持不高于 1.5℃ /min 的升温速率，持续升温至约 290℃保持数小时，促使钢化玻璃内部的硫化镍（NiS）变相或硬质杂质膨胀引发玻璃破碎，待逐渐冷却后取出完好的玻璃，这个过程也被形象地称为引爆处理。

国际上均质处理的工艺历史不长，还没有累积足够的数据准确预见处理后的自爆率，但从国内外已有的案例来看，常规尺寸玻璃的自爆率小于 0.1% 是完全可以保证的。需要注意的是，目前的技术手段无法检测钢化玻璃是否经过均质处理，只能通过使用后玻璃的自爆率判断，这给不良制造商或安装公司留下了很大的造假空间，用户除选择有信誉、有品牌玻璃制造商外，最有效的方式是派人到玻璃制造企业全程监督均质钢化玻璃的生产来保障自己的利益。

53. 什么是夹层玻璃？夹层中间膜有哪几种？

夹层玻璃又称夹胶玻璃，属于安全玻璃之一。它是在两片或多片玻璃之间夹上柔性中间层再经高温、高压加工制成。夹层玻璃有以下三个特点：

（1）安全性：由于中间层的韧性好、黏结性强且具有抗穿透性，玻璃破碎后仍会紧密地粘接在一起不飞溅，物体也难以穿透，因此对人体和财物具有安全保护作用，用于高层建筑幕墙玻璃时即便破裂也不会坠落对外造成伤害，同时又能保护室内的人或物体穿透玻璃坠落，因此属于完全意义上的安全玻璃。

（2）紫外线透过性：普通夹层玻璃的中间层尤其 PVB 胶片具有极强的紫外线吸收能力，可过滤透过夹层玻璃的紫外线，过滤效果可高达 99%。专用的透紫外线 PVB 具有良好的紫外线透过性能，适用于植物棚等需要紫外线透过的场所。

（3）隔声性能：夹层玻璃的中间层可吸收声波，尤其 PVB 胶片具有明显的隔声效果，专用的隔声型 PVB 胶片具有更优异的隔声性能。

夹层玻璃中间层有 PVB、EVA、离子型膜（SGP），其中 PVB 的使用量最多，使用历史最长。表 3 列出了几种夹层材料特性的对比。

表 3　几种夹层材料的特性对比

夹层材料	耐温性	抗撕裂强度（MPa）	残余强度	黏结金属	耐水性
PVB	<70℃	约 13	无	差	差
EVA	优于 PVB 劣于 SGP	约 9	无	优	优
高强度 EVA	优于 PVB	约 20	无	优	优
SGP	<82℃	约 50	有	优	优

PVB 的化学名称是聚乙烯醇缩丁醛，其特点是与玻璃的黏结好，但与金属黏结性差、耐水性差，70℃以上时黏结性快速衰减，在室外边部裸露使用时容易脱胶。PVB 胶片品种主要有无色透明、乳白色、粉红色、蓝色等；基本厚度有 0.38mm、0.76mm、1.14mm、1.52mm，可以根据客户的要求组合厚度和叠加颜色使用。

隔热型 PVB 是近年开发出的新产品，其中添加了具有吸收太阳红外波段热能的纳米陶瓷材料。隔热型 PVB 增加了对太阳红外辐射的吸收，因此具有一定的隔热效果，但是对保温性能没有改善，制成的夹层玻璃作为透明遮阳板使用，可获得非常明显的隔热效果。

隔声型 PVB 是在两层普通 PVB 中间增加一层隔声层（夹芯层），一般为特殊树脂材料，通过挤压技术复合而成的 PVB。它对声音的阻隔能力有所提升。

EVA 的化学名称是乙烯 – 聚醋酸乙烯共聚物，其特点是与玻璃和金属黏结性均好、耐水性好，但抗撕裂强度略差，耐温性优于 PVB 但不如 SGP，因此多用于太阳能光伏板领域。当夹层中有金属网板或在室外边部裸露使用时可采用，幕墙玻璃不推荐使用。

高强度 EVA 的化学名称是乙烯－乙酸乙烯酯共聚物，因其具有较强的化学键合力，与玻璃、金属等材料黏结性极好。固化成型后不可逆，使用中不易出现再生气泡。

离子型膜（SGP）可视为改性有机玻璃，其特点是与玻璃和金属黏结性均好，耐水性好，使用温度高（<82℃），玻璃破损后仍有较高的残余强度，安全性更高。SGP 是美国杜邦离子型膜的代号。离子型膜夹层玻璃破损后仍具有一定残余强度和耐水性的特点使其更适用于地板玻璃。

54. 钢化夹层玻璃的 PVB 厚度如何选择？

玻璃钢化后平整度会变差，因此钢化夹层玻璃 PVB 胶片的厚度必须足以填充两片钢化玻璃之间凹凸不平的间隙，若 PVB 厚度严重不足则很难生产出合格产品。PVB 厚度偏薄时尽管刚生产出来的钢化夹层玻璃看不出什么问题，但使用中玻璃边部开胶或产生气泡的概率非常高，因此合理的 PVB 厚度是保证钢化夹层玻璃长期稳定使用的关键。PVB 厚度的选择不计玻璃的长度仅与玻璃的宽度有关，即仅与玻璃的短边尺寸有关。根据杜邦和首诺公司多年累积的经验和国内工程使用反馈的信息，可靠的 PVB 厚度应遵循表 4、表 5 的规则选择设计。

表 4　平钢化、半钢化玻璃 PVB 厚度选用规则　　　　mm

玻璃种类	玻璃厚度	PVB 膜厚度		
		短边≤800	800＜短边≤1500	短边＞1500
平钢化、半钢化夹层玻璃	≤6	0.76	1.14	1.52
	8~12	1.14	1.52	1.90
	≥15	1.52	2.28	2.28

对平钢化、半钢化夹层玻璃，结构设计应尽量采用相同厚度的玻璃夹层。当两片玻璃厚度相差 3mm 以上时，因受力结构不合理，不推荐使用该种结构。若必须使用，PVB 厚度应在相应规则基础上增加 0.38mm。

表 5　弯钢化（半钢化）玻璃 PVB 厚度选用规则　　　　　　　　mm

玻璃种类	玻璃厚度	PVB 膜厚度	
		曲率半径 $R>3m$	曲率半径 $R\leqslant3m$
弯钢化	$\leqslant8$	2.28	3.04
	$\geqslant10$	3.04	3.04
热弯	$\leqslant6$	0.76	1.14~1.52
	$\geqslant8$	1.14	1.52

　　彩釉玻璃放置夹层内部与 PVB 接触时，由于彩釉存在一定的厚度增加了 PVB 填充的难度，PVB 厚度应在相应规则基础上增加 0.38mm。

　　随着钢化玻璃生产设备的技术升级及钢化生产工艺的改进，双室钢化玻璃生产线制造的钢化玻璃波形度、弓形度都有所降低，平整度优于早期的钢化玻璃，即便如此，PVB 厚度偏薄，仍然存在较大的局部脱胶风险，尤其对夹层 Low-E 中空玻璃，因为 Low-E 膜的存在，夏季夹层玻璃的温度会偏高，PVB 存在一定程度的软化，抗撕裂强度降低，开胶和产生气泡的概率增大。图 18、图 19 是某工程夹层玻璃开胶的照片，为了节省些许 PVB 膜的费用而导致这个结果，肯定是得不偿失的。

图 18　某 A 工程夹层 Low-E
中空玻璃开胶的照片

图 19　某 B 工程夹层 Low-E
中空玻璃开胶的照片

55. 钢化 Low-E 玻璃有哪几种生产方式？各有什么特点？

钢化 Low-E 玻璃有两种生产方式：在钢化好的玻璃上镀膜或先镀膜后带着膜钢化，即先钢化后镀膜或先镀膜后钢化。

先钢化后镀膜的优点是，Low-E 膜不必经历 500℃以上的高温，设计膜层结构及选择镀膜材料时仅考虑怎么满足外观颜色要求，怎样获得需要的透光率、反光率及优异的光热性能，而不必顾及膜层能否耐高温及高温对 Low-E 膜性能、外观造成的变化，因此这种方式制造的 Low-E 膜品种多、光热性能优异、颜色均匀性好，玻璃平整度好。这种生产方式集镀膜、钢化、中空、夹层生产于一厂内完成（俗称原厂生产），便于产品质量综合控制，属于高端订制型生产方式，适用于玻璃幕墙和高档门窗。其唯一的不足之处是不能在弯玻璃上镀膜。

先镀膜后钢化的优点是，膜层可以经受高温，因此可以先镀 Low-E 膜再钢化。镀膜生产的效率高、成本低，可销售给下游厂家先加工钢化后合成中空，可制造弯钢化 Low-E 玻璃和双曲面热弯 Low-E 玻璃用于幕墙玻璃。其缺点是能经历高温的 Low-E 膜品种少，带膜钢化时由于 Low-E 膜反射热辐射导致玻璃两面受热不均匀而使平整度变差，高温造成的膜层化学成分不均匀的变化（如再氧化）会导致外观颜色不均匀。这种生产方式可借助下游厂家的中空产能扩大市场供应量，属于普及型生产方式，因价格优势更适用于门窗玻璃，用于幕墙玻璃会有外观平整度、颜色均匀性差的风险。

56. 什么是减反射玻璃？

减反射玻璃又称 AR（Anti-Reflection Coating）玻璃，是通过在玻璃表面镀减反增透膜制成的，具有低反射率特性的镀膜玻璃产品。减反射膜的主要功能是减少玻璃表面的反射光。

减反射膜有三种制备方法：真空磁控溅射法、高温热解气相沉积法、溶胶－凝胶法。

减反射玻璃品种按镀膜面分为单面减反射玻璃和双面减反射玻璃，典型参数见表6。

表 6　单片单面减反射玻璃和夹层双面减反射玻璃

玻璃配置	透光率（%）	反射率（%）	透射显色指数 R_a
6mm 超白单面减反射玻璃	94	<5.0	98
6mm 超白减反射玻璃 /PVB/ 6mm 超白减反射玻璃	97	<1.0	98

减反射玻璃和普通玻璃对背景的影响见图20、图21。

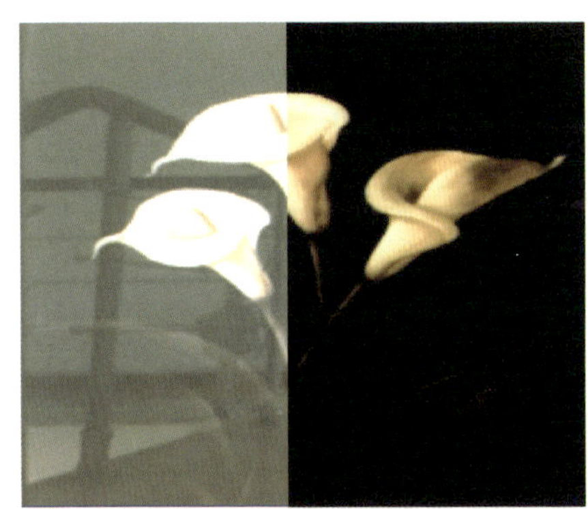

超白　　　　　超白双面减反射玻璃

图 20　对比样板 1

超白　　　　　超白双面减反射玻璃

图 21　对比样板 2

57. 什么是防鸟撞玻璃?

鸟类的视网膜上除了具备人类也有的三种视锥细胞外，还有一种接收紫外线的视锥细胞，大多数鸟类都有紫外线视觉，用于寻找食物（由花瓣和田鼠的尿痕反射）和伴侣（由异性体羽反射）。

玻璃表面制备反射紫外线的网状膜后，在鸟类看来就是一片不透明网状图案，而在人类看来仍是一片透明的玻璃。利用此原理制作的玻璃即为防鸟撞玻璃，用于防止鸟撞保护鸟类。

58. 什么是调光玻璃?

调光玻璃是借由电控、温控、光控、压控等各种方式实现玻璃透光状态转换的玻璃。

常用的品种如下：

光致变色玻璃：在普通钠钙硅玻璃中添加溴化银（或氯化银）和微量氧化铜，当玻璃受到太阳光或紫外线的照射时，溴（氯）化银发生分解，产生能吸收可见光的银原子，可见光被吸收后原本无色透明的玻璃转变成灰黑色。当把玻璃置于暗处时，在氧化铜的催化作用下，银原子和溴（氯）原子重新结合成溴（氯）化银，玻璃变得无色透明。

电动雾化夹层玻璃：采用通、断电控制，断电时夹层材料中液晶分子呈现不规则散布状态，光线无法直接透射实现不透视的效果；通电时夹层材料中液晶分子呈现规则排列，光线直接透射实现透视的效果。

电动阶梯调光夹层玻璃：采用电调节透光膜制成夹层玻璃并附加电极，通过调节电压，获得阶梯可见光透过率，实现不同可见光透射比的玻璃。

热敏调光夹层玻璃：采用掺杂特种无机纳米金属粉末的 PVB 制成的夹层玻璃，在不同温度下具有不同的颜色和透光率，在 $25\sim65\ ℃$ 温度变化范围内可见光透射比约变化 20%。

59. 什么是炫彩玻璃？

炫彩玻璃是采用真空磁控溅射镀膜技术，在玻璃表面镀制多层光学干涉薄膜制成的、反射颜色可随观察角度变化的镀膜玻璃。

炫彩镀膜玻璃具有高硬度、抗划伤及优异的化学稳定性，可单片使用或制成夹层、中空等复合产品使用。

除镀膜技术制备的炫彩膜外，还有采用不同折射率树脂材料挤压成型的炫彩薄膜。树脂炫彩膜可与 PVB 胶片叠合制成炫彩夹层玻璃，也可粘贴于玻璃表面使用。

60. 防火玻璃有哪些种类？

防火玻璃是具备一定耐火性能（耐火完整性和耐火隔热性）的特种玻璃。

目前已有的防火玻璃有高强度单片防火玻璃、铝硅酸盐防火玻璃、硼硅酸盐玻璃、微晶防火玻璃、夹层式复合防火玻璃、灌注式复合防火玻璃等。

61. 防火玻璃是如何分类的?

《建筑用安全玻璃　第 1 部分：防火玻璃》（GB 15763.1—2019）对防火玻璃分类如下：

（1）按照结构分为单片防火玻璃（DFB）、复合防火玻璃（FFB）。

单片防火玻璃（DFB）是由单层玻璃构成，并满足相应耐火等级要求的特种玻璃；

复合防火玻璃（FFB）是由两层或两层以上玻璃复合而成或由一层玻璃和有机材料复合而成，并满足相应耐火等级要求的特种玻璃。

（2）按照耐火性能分为隔热型防火玻璃（A 类）、阻挡热辐射型防火玻璃（B 类）、非隔热型防火玻璃（C 类）。

隔热型防火玻璃（A 类）即耐火性能同时满足耐火完整性和耐火隔热性要求的防火玻璃（欧洲标准称为 EI 类防火玻璃）。

阻挡热辐射型防火玻璃（B 类）即耐火性能满足耐火完整性及背火面热通量指标要求（临界热通量值为 $15kW/m^2$）的防火玻璃（欧洲标准称为 EW 类防火玻璃）。

非隔热型防火玻璃（C 类）即耐火性能仅满足耐火完整性要求的防火玻璃（欧洲标准称为 E 类防火玻璃）。

（3）按照防火玻璃耐火极限，可以分为五个等级：0.50h，1.00h，1.50h，2.00h，3.00h。

62. 建筑上常用的防火玻璃有哪些类型？ 防火性能如何？

建筑上常用的防火玻璃有高强度铯钾防火玻璃、硼硅防火玻璃、夹层复合防火玻璃、灌注式复合防火玻璃。

高强度铯钾防火玻璃：高强度单片铯钾防火玻璃是经过化学和物理钢化

加工制作的防火玻璃，属于 C 类防火玻璃。

硼硅防火玻璃：添加氧化硼成分的硅基玻璃，具有较低的热膨胀系数。硼硅 4.0 防火玻璃膨胀系数不到普通建筑玻璃的二分之一，可经受更大热冲击，钢化后具有更高的耐火极限、更好的耐火完整性，属于 C 类防火玻璃。

夹层复合防火玻璃（防火胶片）：由两层或两层以上玻璃及防火胶片制成的夹层玻璃。该防火玻璃在遇火灾时，防火胶片会迅速发泡膨胀形成绝热泡沫层阻挡热量。遇火破碎时可粘接破碎的玻璃，保持防火玻璃的完整性，属于 A 类防火玻璃。

灌注式复合防火玻璃（防火凝胶）：由两层或两层以上钢化玻璃，四周以特制阻燃胶条密封，中间灌注防火胶液，经固化后为冻状透明胶与玻璃粘接成一体。遇火后中间冻状透明胶会迅速膨胀硬结，形成一张不透明的防火隔热板。在阻止火焰蔓延的同时，也阻止高温向背火面传导。它属于 A 类或 B 类防火玻璃。

63. 什么是真空玻璃？它与中空玻璃有何区别？

真空玻璃：两块平板玻璃间用约 0.2mm 的支撑物方阵间隔，玻璃周边用焊料封接，内部腔体为高真空状态的玻璃。图 22 为 Low-E 真空玻璃结构示意图。

真空玻璃的"真空层"无气体对流，因此可有效降低对流传热。真空玻璃与 Low-E 玻璃组合后，利用 Low-E 膜反射红外辐射的特性有效降低辐射传热，因此 Low-E 真空玻璃具有更低的传热系数。不同的遮阳性能可选择不同的 Low-E 玻璃来实现。

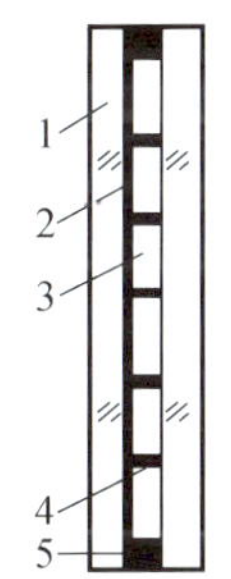

图 22　Low-E 真空玻璃结构示意图
1—玻璃；2—Low-E 膜；3—真空腔；
4—支撑物；5—封边材料

Low-E 真空玻璃可以单独使用，也可制成"真空复合 Low-E 中空玻璃"使用。图 23 为常见真空复合 Low-E 中空玻璃结构示意图。

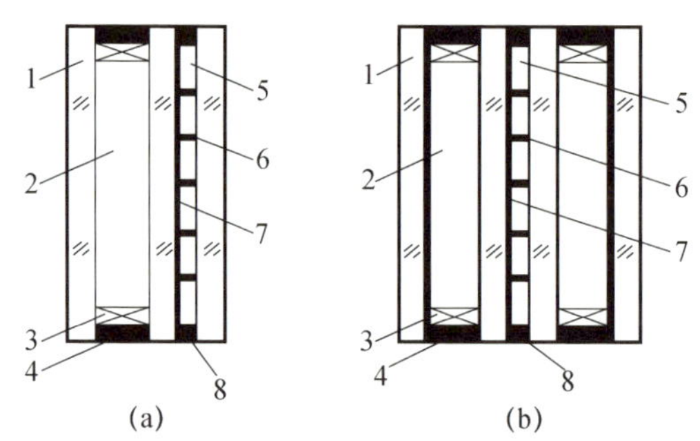

图 23　常见真空复合 Low-E 中空玻璃结构示意图

（a）真空复合单腔中空玻璃；（b）真空复合双中空玻璃

1—玻璃；2—中空腔体；3—间隔条；4—密封胶；5—真空腔；

6—支撑物；7—Low-E 膜；8—封边材料

64. 常用中空玻璃有哪些结构?

中空玻璃由两片或多片玻璃，玻璃之间由灌装干燥剂的间隔条支撑边部，端部注密封胶黏结构成。

传统间隔条为空心框，其中灌有干燥剂以保证气体腔干燥，防止玻璃内表面结露。常用的间隔条有铝条、不锈钢条、金属塑料复合条、丁基胶复合材料条等，后两者也称为暖边间隔条。

中空玻璃边部采用双道密封：第一道为丁基胶，位于间隔条侧面与玻璃之间，是最为关键的一道密封；第二道为聚硫胶或硅酮结构胶，填充于间隔条端部与玻璃之间（图 24）。常用中空玻璃由两片玻璃和一个气体腔构成，随着节能指标的提高，由多片玻璃构成的多腔体中空玻璃逐渐流行。为了便于表示 Low-E 膜层在中空玻璃中的位置，由室外向室内按顺序赋予玻璃表面编号 1 号、2 号、3 号、4 号、5 号、6 号，如图 24 所示。

热镜膜多腔体中空玻璃：用一张张紧的特殊热镜薄膜将中空腔体分隔的两腔或多腔体结构中空玻璃。可理解为将腔体内中空玻璃中间的间隔玻璃替换成热镜薄膜。热镜薄膜是通过真空磁控溅射工艺在塑料薄膜表面镀上 Low-E 涂层，从而具备保温、隔热能力的功能薄膜。因此，就热工性能而言，热镜膜玻璃与多腔中空玻璃相当。使用时注意因热镜膜为柔性材料，加工时需要设置特殊装置张紧，以避免发生褶皱影响透视和反射效果。图 25 为热镜膜中空玻璃结构示意图。

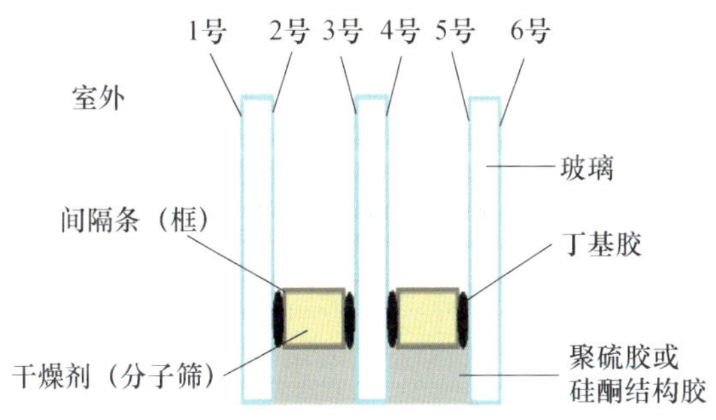

图 24　三玻双腔中空玻璃结构示意图

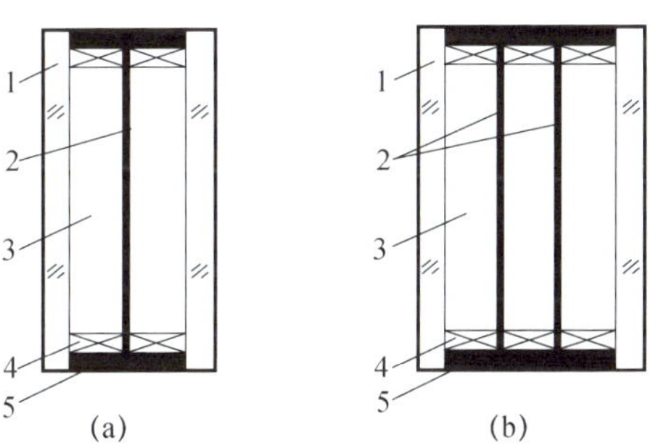

图 25　热镜膜中空玻璃结构示意图

（a）双腔热镜膜中空玻璃；（b）多腔热镜膜中空玻璃

1—外片玻璃；2—热镜膜；3—Low-E 膜；4—中空腔体；5—密封胶

65. 什么是暖边间隔条？它有什么作用？

暖边间隔条：由低热导率材料组成，用于降低中空玻璃边部热传导的间隔条。主要包括刚性暖边间隔条和柔性暖边间隔条。

刚性暖边间隔条指的是由刚性或复合材料组合而成具有刚性支撑功能的暖边间隔条。

柔性暖边间隔条指的是由复合材料组合而成，具有柔性粘接支撑并含干燥剂的暖边间隔条。

暖边间隔条的暖边温差导热值应不大于 0.007W/K。

暖边间隔条的等效导热系数 λ_{eq} 应不大于 0.9W/（m·K）且不小于 0.15W/（m·K）。

中空玻璃暖边间隔条的主要作用：防止中空玻璃边部结露、降低玻璃边部的热量损失。中空玻璃的传热系数 K 仅表示玻璃中部区域的性能指标，实际上，边部是由间隔框和密封胶将玻璃连接为一体的，边部主要通过固体间传导的方式传递热量，热量损失导致冬季室内玻璃边部温度过低而结露。常用铝间隔条的导热率高，暖边间隔条采用低导热率的不锈钢甚至更低导热率的聚丙烯组合制成，或由丁基密封胶、干燥剂和支撑材料组合制成。图 26 是一款常用的不锈钢聚丙烯复合暖边间隔条，它具有一定的刚性支撑强度，因此适合制造门窗及幕墙用中空玻璃。由丁基密封胶、干燥剂制成的柔性暖边间隔条刚性略差，使用中应多加注意。

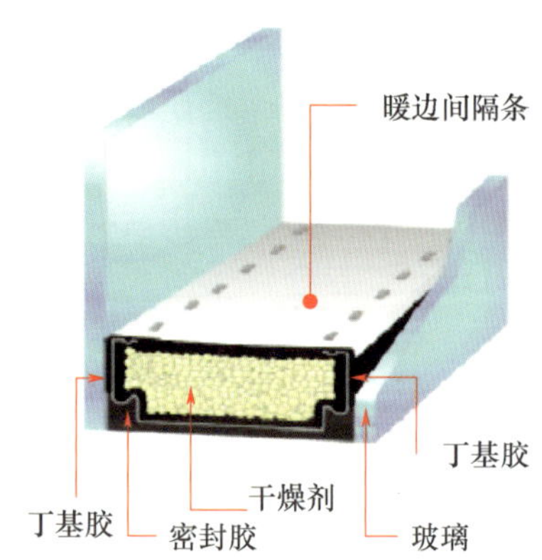

图 26　不锈钢聚丙烯复合中空玻璃暖边间隔条示意图

采用暖边间隔条的中空玻璃，冬季室内玻璃边部防止结露的作用明显，整窗的传热系数 K 大约可降低 0.1W/（m²·K）。

66. 什么是内置百叶中空玻璃？

内置百叶中空玻璃是将百叶安装在中空玻璃腔体内的一种中空玻璃制品。将传统的百叶帘内置于中空玻璃腔体内，并通过外置开关（磁吸或电控）控制百叶开合，起到灵活调节光线强度、屏蔽视线的作用。

三、外观与设计

67. Low-E 镀膜玻璃外观颜色是如何形成的？

Low-E 镀膜玻璃的外观颜色由玻璃的反射色及透过色组成。玻璃镀膜通过对膜层材料的选择及对膜层厚度的调节，使入射光通过干涉反射形成有选择性的反射颜色。镀膜玻璃的颜色在标准 D65 光源垂直入射的条件下测定，并以色坐标值 L^*、a^*、b^* 表征。

Low-E 镀膜玻璃在实际使用中的外观颜色受入射光、天空背景光色的影响，观察的视角不同则感观颜色存在差异，综合外视效果并非仅由 Low-E 镀膜玻璃自身颜色决定，而是由入射光颜色、透射光颜色、天空背景色、室内景深灰度等综合作用形成的。实践中玻璃外观颜色的选择应在不同时段、不同角度、不同天气状况下观察、综合判断。

68. 超白玻璃和普白玻璃对 Low-E 膜颜色有多大影响？

普白玻璃由于成分中含铁呈现微绿色，玻璃越厚、观察角度越小则绿色越重。超白玻璃铁含量很低（Fe_2O_3 含量低于 0.015%），基本无绿色。厚度相同的条件下，超白玻璃比普白玻璃可见光透过率更高，故超白玻璃看起来比普白玻璃更清、更透。图 27 为超白玻璃和普白玻璃的对比。

图 27　超白玻璃与普白玻璃的对比

Low-E 玻璃以超白玻璃为基片时，基本消除了绿色的干扰，透过色还原性更高，透视景物也更清晰。在不同角度观察时，Low-E 镀膜玻璃的外观颜色受到基片颜色的影响，普白玻璃造成的影响大，超白玻璃的影响最小且侧面颜色更纯正。

69. 使用 SGP 胶片和 PVB 胶片夹层玻璃对颜色的影响是什么？

离子性中间膜（SGP）与 PVB 相比，黄色指数和雾度约为 PVB 的 1/4。

PVB 中间膜夹层玻璃在玻璃颜色基础上，增加一定的雾度和黄绿色，透视玻璃清晰度有所降低。

离子性中间膜（SGP）夹层玻璃基本保持玻璃原色，透视玻璃清晰度基本不会发生改变。

70. 玻璃配置差异对颜色一致性的影响是什么？

建筑玻璃外观颜色的一致性受到原片种类、镀膜种类、玻璃厚度、玻璃结构等多种因素的影响。主要因素的影响如下：

（1）不同种类的玻璃原片颜色差异明显，同种类但不同厂家生产的玻璃也存在差异，玻璃越厚则颜色越深。

（2）夹层玻璃所用的中间膜不同则颜色不同。

（3）中空玻璃腔体结构增加，玻璃的反射面增多，中空玻璃的反射率随之升高，反射颜色随之变化。

（4）其他功能涂层，例如彩釉、减反膜、防火涂层、易洁涂层等都会引起视觉效果的变化。

设计选择玻璃时，若要保持建筑立面玻璃外观颜色的一致性，应充分考虑上述因素，将各偏差控制在合理范围。

71. 如何实现平面和曲面玻璃外观颜色的一致性？

平面玻璃和曲面玻璃对光线的反射角度不同，同一位置观察，平面玻璃为单角度反射，曲面玻璃为多角度反射，玻璃的反光会随角度不同而变化。

一般情况下，曲面玻璃比相同结构的平面玻璃"亮"一些。当使用 Low-E 玻璃时，因 Low-E 膜层为光干涉膜层，反射颜色随角度变化更敏感，膜层越多则制造控制技术要求越高、难度越大。当建筑立面存在平弯结合时，应首先确定曲面玻璃的颜色，再选择与曲面玻璃颜色相近的平面玻璃匹配。

72. 什么是玻璃的冷弯？有哪些工程案例？

玻璃的冷弯是指将加工好的平板玻璃通过安装夹具或其他外力约束形成曲面并固定下来的安装形式。

玻璃是无机脆性材料，常温下的玻璃具有有限的弹性形变能力，故有限弯曲是可行的。冷弯后的玻璃内部将产生持久应力，设计玻璃冷弯使用时因无现行的设计计算标准可依，应结合玻璃材料特性进行相关力学计算及试验验证。考虑到玻璃内部的持久应力会增大玻璃的破损概率，冷弯安装使用应慎重，尤其在台风常发地区。

已建成的采用玻璃冷弯安装的工程可提供参考，但是仍需经历时间检验。

（1）工程案例一：天津国际金融中心，见图 28。

玻璃配置：8 白玻均质钢化双银 Low-E#2+12A+8 白玻均质钢化。

典型玻璃尺寸：1340mm × 3250mm。

冷弯形式：玻璃一角内拉约 40mm。

建成时间：2010 年。

图 28　天津国际金融中心

（2）工程案例二：苏州吴江绿地中心，见图 29。

玻璃配置：8 超白玻钢化双银 Low–E#2+12A+8 白玻钢化。

典型玻璃尺寸：1300mm × 3000mm。

冷弯形式：玻璃一角内拉约 30mm。

建成时间：2021 年。

图 29　苏州吴江绿地中心

（3）工程案例三：上海尚嘉中心，见图 30。

玻璃配置：8 超白玻钢化双银 Low–E#2+12Ar+6 白玻钢化。

典型玻璃尺寸：1250mm × 2300mm。

冷弯形式：玻璃对角上顶约 40mm。

建成时间：2012 年。

图 30　上海尚嘉中心

73. 玻璃的视线遮蔽性与哪些参数有关?

玻璃的视线遮蔽性是指从室外向室内望去视线能否被玻璃遮蔽而看得清楚室内的物体。在完全遮蔽的情况下只能看到玻璃而看不到室内的建筑结构或家具物件，即视线在玻璃表面截止，极端的例子是看半透光的镜子；在完全不遮蔽的情况下既能感觉到有玻璃存在又能透过玻璃看清楚室内的景物，极端的例子是透明白玻璃；在部分遮蔽的情况下既可清晰地看到玻璃又能隐隐约约地看到室内靠近窗玻璃处的景物，这正是目前大多数幕墙玻璃建筑追求的外观视觉效果。

图 31 是观察者看到两束光线的示意图。观察玻璃时人眼睛接收到两束光线，一束是玻璃外表面反射出的背景光线，另一束是由室内透射出来的光线。室内的光亮度是由室外的自然光透过玻璃衰减后照射到室内，并被墙壁、天花板、地板漫反射后产生的，即便室内有人工照明，但与白天室外的强光相比仍可忽略。当人眼接收到的这两束光线的强弱差超过 10 倍时就只能看到强光而看不到弱光，或者说弱光被强光湮没了，这是因为强光会使人眼的瞳孔收缩以减弱视网膜接收的光通量，这也会使进入眼睛的弱光弱到视网膜感知不到的水平。

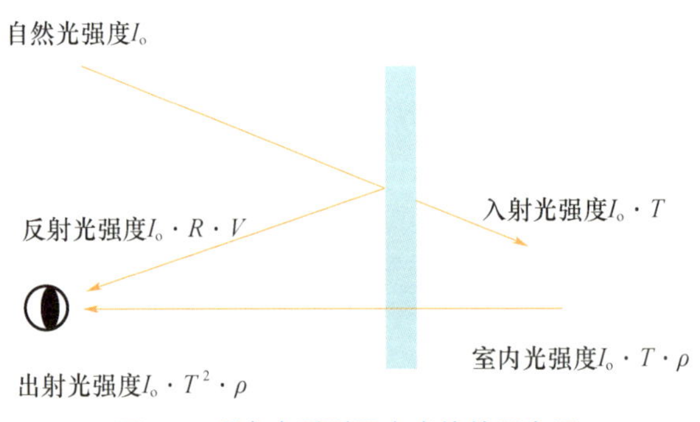

图 31　观察者看到两束光线的示意图

图 31 中，I_0 表示室外自然光强度，T 为玻璃的透光率，R 为玻璃的反射率，ρ 为室内漫反射系数，V 为视见函数（反映人眼感知颜色的敏感度），这个部分光线强度如下：

照射进室内的光被玻璃衰减后光强度为 $I_0 \cdot T$；

经室内物体漫反射产生的光强度为 $I_0 \cdot T \cdot \rho$；

透过玻璃出射光强度为 $I_0 \cdot T^2 \cdot \rho$；

玻璃室外反射光强度为 $I_0 \cdot R$。

完全遮蔽的条件为反射光强度＞出射光强度 10 倍，即 $R \cdot V/T^2 \cdot \rho \geqslant 10$。

这为我们选择玻璃提供了方向，若不想从室外清楚地看见室内，在室内漫反射系数一般低于 0.5 的情况下，应使玻璃的反射率尽可能高、透光率尽可能低。例如早期使用的反射率 30%、透光率 20% 的热反射镀膜玻璃就满足上述条件，因此白天基本上无法看清室内。司法系统用于证人辨认嫌疑人的观察室也利用这个道理，使证人室的光线暗、玻璃面反射率低，使嫌疑人室光线强、玻璃面反射率高，这些条件组合后满足嫌疑人看到的强光远大于证人室透射的弱光 10 倍以上，以完全隐蔽证人。

部分遮蔽的条件为反射光强度＞出射光强度 3~6 倍。

目前流行半通透幕墙玻璃设计效果，若玻璃的反射率为 30%、透光率为 45%，则强弱光比约为 5 倍，可达到部分遮蔽的效果。图 32 是采用这款玻璃的工程案例，从室外望去室内景物隐约可见，阴影处室外投射的光线变暗，因此明显看到室内的窗帘。如果反射率低于 20%、透光率大于 45%，则仅在反射天空背景的情况下有视线遮蔽性，有阴影处或黄昏后就很难达到视线遮蔽的效果。

图 32　玻璃幕墙视线遮蔽效果案例——南玻大厦

74. 玻璃幕墙窗间部位的遮蔽性怎么解决？

玻璃幕墙的窗间墙部位配置什么样的玻璃才能与窗部位玻璃的外观颜色、亮度协调一致？对透光率低、反射率高、具有视线完全遮蔽性的玻璃，这不是个问题，但为了增强室内的自然采光，幕墙玻璃的透光率普遍高于40%，目前的流行趋势又要求玻璃的室外反射率尽可能低以减轻光污染，这就使这个问题解决起来更加困难但并非无解。根据以往工程实践的经验，有以下两种解决方案。

（1）单片热反射镀膜玻璃搭配。窗部位采用 Low-E 中空玻璃，窗间墙部位可选择颜色与 Low-E 玻璃相近，反射率相当的热反射镀膜玻璃搭配。这个方案具有局限性，仅适合与反射率大于20%的单银 Low-E 搭配，反射率越高则搭配的效果越好，因为反射率低的单片镀膜玻璃仍不能遮蔽玻璃背面的建筑结构，即便玻璃背面配置暗色背板，也难以达到颜色效果一致。图33是采用这种搭配的成功案例，窗玻璃为反射率30%、透光率45%的单银 Low-E 中空玻璃，窗间墙玻璃为反射率30%、透光率16%的单片热反射镀膜玻璃。

此外，双银或三银 Low-E 的反射颜色或多或少会随着观察角度的改变而变化，但单银 Low-E 变化很小，热反射镀膜玻璃则基本上不会变化，这就造成了在挂大样板观察时从某个角度看颜色搭配基本相近，走动一段距离观察，会看到镀膜玻璃颜色不变但双银 Low-E 颜色变了，可以预见竣工后甚至在原地不动看不同高度的玻璃颜色差异也不一样，因为视角变了。

（2）彩釉玻璃配 Low-E 中空搭配。窗部位采用 Low-E 中空玻璃，窗间墙部位采用 Low-E 加彩釉玻璃构成的中空玻璃，其中的彩釉玻璃应选择深灰色圆点状图案以模拟室内的灰度，这样外片相同的 Low-E 玻璃保持外观颜色、亮度的一致，内片彩釉玻璃模拟室内的灰暗度，从而保持与室内色度相近，同时遮蔽内部的建筑结构。这个方案具有广泛的适用性，适合各种透光率、反射率的单银、双银、三银 Low-E，即便对透光率高、反射率低的玻璃也同样效果极佳。

图 33　窗间墙用单片镀膜玻璃与单银 Low-E 中空搭配的案例——南玻大厦

图 34 是中国首个采用这种搭配的成功案例，该 Low-E 中空玻璃的透光率为 55%、反射率为 15%，属于极难遮蔽视线的情况，其窗间墙内片彩釉玻璃采用覆盖率 40%、直径 10mm 深灰色圆点图案，照片显示该建筑的外观颜色整体一致性非常协调。

图 34　窗间墙用彩釉 Low-E 中空搭配的案例——中集科研楼

75. 哪些因素影响玻璃的外观平整度？采取什么措施可以优化？

这里所说玻璃的外观平整度仅针对已经安装好的幕墙玻璃或门窗玻璃。玻璃外观平整度的优劣对玻璃幕墙的整体外观效果影响极大，外观平整度好的玻璃幕墙给人以高档、庄重感，就像人穿了件挺括体面的高档服装，外观平整度差的玻璃幕墙则像人穿了件有很多褶皱的衣服。影响玻璃外观平整度的不仅仅是玻璃本身，还包括设计、安装和环境光影等因素，以下分析或能提供帮助。

（1）玻璃本身平整度的影响——玻璃越厚则平整度越好。玻璃本身的平整度主要由浮法玻璃生产和钢化玻璃加工的质量决定，未钢化浮法玻璃的平整度远优于钢化玻璃，而钢化玻璃的平整度则取决于钢化设备和工艺。首先，高档钢化设备采用双室加热炉和特殊设计的吹风口，通过延长加热时间均衡玻璃温度和均匀吹风冷却降低玻璃的变形度，从而提升钢化玻璃的平整度，因此应选择好的钢化生产线。其次，同一条钢化生产线生产的钢化玻璃，玻璃越厚则钢化变形度越小，如果摆开观察的话，8mm 优于 6mm，10mm 优于 8mm，12mm 优于 10mm 等，当厚度大于 15mm 后基本上很难仅靠平整度区分出是否钢化过，这说明玻璃越厚则钢化加工对平整度的影响越小、玻璃越平整。

（2）季节温差对中空玻璃平整度的影响——采用非等厚中空玻璃结构。中空玻璃内部是密封的气体，夏季气体温度升高膨胀挤压玻璃外凸，冬季气体温度冷却收缩吸附玻璃内凹，这就是所谓的中空玻璃的"凸凹肚"现象。气体膨胀或收缩产生的正负压力有多大呢？

根据理想气体状态方程等容变化过程，可知

$$P_0/T_0 = P/T$$

式中　　P_0、P——冬、夏季中空玻璃腔体内的气压（Pa）；

　　　　T_0、T——冬、夏季中空玻璃腔体内的气体温度（K）。

冬、夏季产生的压力差为

$$\Delta p = \left(\Delta T / T_0 \right) p_0$$

由此可知，当冬、夏季温差为 27℃时，Δp 约为 p_0 的 10%，即十分之一个大气压或 10kPa，这个附加的压力足以造成玻璃凸凹变形，变形程度与构成中空两片玻璃的厚度、玻璃的几何形状、尺寸大小及中空玻璃边部密封胶的弹性等因素有关。为了解决这一问题，可增加中空外片玻璃的厚度，即采用非等厚中空玻璃结构，因为平整度的视觉感主要由外片玻璃决定，内片较薄的玻璃有更大的变形，舒缓了压力作用，这样外片玻璃的变形就会减弱，外观平整度会有所改善。

（3）玻璃附框及安装的影响——玻璃越厚则安装造成变形的影响越小。用于隐框幕墙的玻璃在工厂附框制成幕墙板块的过程对控制平整度非常重要，水平附框时玻璃中部因重力下坠而变形，结构胶固化后会形成永久变形，因此应采取措施保持附框过程中玻璃的平直状态。对明框玻璃幕墙，固定玻璃压条的压力是否均匀对外观平整度影响非常大，采用扭力扳手紧固压条螺钉是降低玻璃边部变形的有效方法。无论何种幕墙形式，安装玻璃的过程都会带来玻璃的弯曲或扭曲变形，玻璃越厚则刚度越强，同样外力作用产生的变形越小。

（4）环境光影的影响——视觉平整度。玻璃的平整度可分为客观平整度与视觉平整度，前面所讨论的三个因素均属于客观平整度的范畴，一定要认知到现实世界中不存在绝对平整的大面积镜面，我们看到的非常平整的面要么是非镜面材料面，例如铝板、瓷砖、墙面等漫反射材料面，要么是反射无影背景光的镜面，尽管镜面的客观平整度不一定好但视觉平整度或许非常好。影响幕墙玻璃外观平整度的是视觉平整度，环境光影是影响视觉平整度最重要的因素，这是因为无论客观平整度如何，如果在均匀天空背景下观察玻璃，根本看不到玻璃变形，视觉平整度非常好，或者说玻璃的变形被隐藏了。图 35 是某工程顶部反射天空背景的照片，玻璃实际上存在变形但看起来平整度非常好。

当在周边建筑物成为参照物的光影环境下观察时，玻璃反射出的影像会放大玻璃的变形，客观平整度未变但视觉平整度肯定会变差，这部分区域就属于该建筑的光敏感区。图 36 是同一工程略下部位的照片，可明显看出玻璃的变形，如果影像是直线的话，变形会更加明显。

图 35　某工程顶部玻璃反射的天空背景

图 36　某工程略下部位玻璃反射周边建筑物

　　总结以上分析结果，改善幕墙玻璃平整度首先应提升玻璃的客观平整度，最简单有效的方法就是增加玻璃的厚度，即便采用非等厚中空玻璃结构，也同样是玻璃越厚则温差变形越小，客观平整度的改善自然会惠及视觉平整度，因此玻璃厚是硬道理，尤其在周边建筑影像环境复杂的情况下，至少应增加主立面玻璃或光敏感区玻璃的厚度，工程实践已证实此方法的有效性。

76. 海拔高度对中空玻璃有什么影响？有何解决措施？

　　中空玻璃内部气体腔的压力与其生产地的大气压力一致，如果使用地的海拔高度与生产地差别过大，则中空玻璃因内外压力差过大而出现凸凹变形，情况严重的会造成玻璃破裂，那么海拔高度相差多少会造成玻璃严重变形或破裂呢？

　　大气压力随海拔高度增加而减小是因为空气分子的密度在重力场中随高度变化造成的，可由气压公式表示：

$$p=p_0\exp\left(-\mu gz/RT\right)$$

式中　P_0——地球表面的大气压力（$z=0$）；

　　　　μ——气体摩尔质量（气体分子量）；

　　　　g——重力加速度；

　　　　z——海拔高度（m）；

　　　　R——普适气体恒量［8.31J/（mol·K）］；

　　　　T——绝对温标（K）。

　　海拔高度增加 Δz，大气压力变化 Δp，由此得出

$$\Delta p/p=-\mu g/RT\cdot\Delta z$$

　　空气是由氮气、氧气组成的混合气体（忽略氩气等含量极少的成分），含量比例为氮气 76.9%、氧气 23.1%；分子量为氧气 32、氮气 28。由此计算出空气的表观分子量 $\mu=28.9$，据此可得出近似等式：

$$\Delta p/p=-\left(1/8000\right)\cdot\Delta z$$

　　这个等式说明海拔高度增加 800m，大气压力降低约 10%，中空玻璃内外

压力差约为 10kPa，这个压力差与冬、夏季温差产生的压力差相当，压力的强度仅能导致玻璃凸出变形，尚不足以导致玻璃破裂。如果海拔高度增加到 1600m，大气压力降低约 20%，在这个压力下尺寸小的、未钢化的薄中空玻璃破裂的概率增大。当海拔高度增加到 2400m 时，压力差达到约 30kPa，这个压力会导致钢化中空玻璃严重变形，曾经发生过面积约 $1m^2$ 的 5mm 未钢化的中空玻璃被膨胀气体胀破的案例。

为了解决中空玻璃制造地与使用地海拔高度差过大带来的中空凸凹变形问题，在制造中空玻璃时插入专用的毛细管平衡内外气压，在运输到使用地待中空玻璃内外气压平衡后应及时用密封胶封堵毛细管，以防长时间裸露导致中空玻璃结露失效。

77. 彩釉玻璃与背板组合使用时应注意什么？

彩釉玻璃与背板组合使用时应注意防止出现影像干涉现象。

图案规则的点状或条状彩釉玻璃与浅色铝板平行装配使用时，彩釉玻璃为外立面（观察面），彩釉玻璃上的图案会在后片背板上投射出影像，此时观察者透过彩釉玻璃透明部位看到的是暗区还是亮区与视线角度有关。如果不存在背板，则视线亮暗区应均匀分布，如图 37 所示；如果存在背板，则视线亮暗区重新分布，在某个视角看是亮区，视线偏移一点看又是暗区，造成原本均匀的亮暗视区重新分布，如图 38 所示。此时以视线为中心向外扩散观察，就会在彩釉玻璃面上看到明暗不规则分布的环形图案。

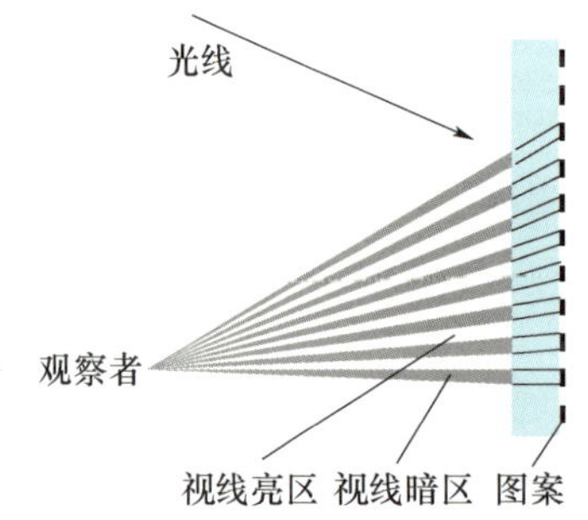

图 37　无背板（或玻璃）时视线明暗区均匀分布示意图

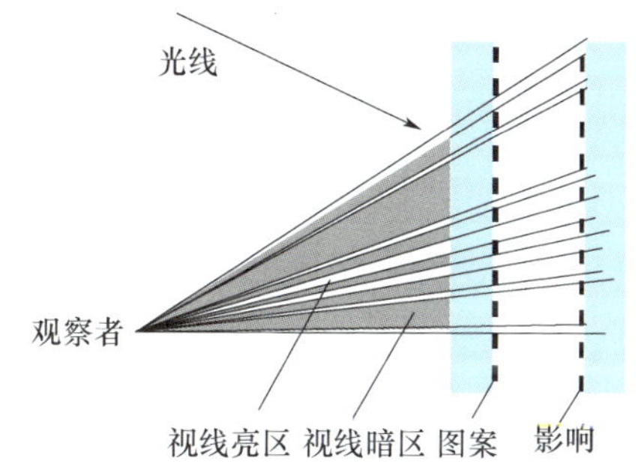

图 38　背板造成视线明暗区重新分布示意图

当观察者移动时视线角度改变，视线亮区、暗区随之重新分布，看起来就像环形图案跟着在移动，俗称出现鬼影了。图 39 是某工程遇到的此类现象的照片，彩釉玻璃上的图案为 5mm 宽的白色彩釉条间隔 5mm 排布，背面的浅灰色铝板距彩釉玻璃 50mm 配置，现场看到的就是这幅图案。

这种现象能不能避免？试想如果不存在背面的铝板，就没有影像干扰，我们看到的只能是彩釉玻璃本身的图案，背面铝板上的投影是产生此现象的"罪魁祸首"，如果能消除或减弱背面铝板上的投影就可解决问题。为此可采用深灰色铝板使投射的影像被深灰色淹没或弱化，或者拉开铝板与彩釉玻璃之间的距离使投影的影像虚化模糊，上述工程采取这些措施后消除了影像干扰。

图 39　某工程白色条状彩釉玻璃与浅灰色铝背板组合产生干涉图案照片

若将铝板换成 Low-E 玻璃构成彩釉 Low-E 中空玻璃，彩釉玻璃作为外立面也会出现这种现象。对玻璃来说，解决问题的难度更大，即便降低玻璃的反射率也很难避免，因此应慎重采用这种安装方式。彩釉玻璃作为内立面时基本上不会出现这种现象，玻璃幕墙的窗间墙部位就常用彩釉 Low-E 中空玻璃来遮蔽内部的建筑构造。

78. 如何减轻中空玻璃室内重影现象？

中空玻璃室内重影是指中空玻璃各面对室内物体反射影像不重合的现象。

玻璃的各个反射面均会形成反射影像，人眼观察到的影像明亮程度由玻璃反射面光反射强度决定。玻璃面的反射率越低则成像越暗，反射率越高则成像越亮。各反射面反射率越相近，成像明暗度差异越小，视觉观察玻璃重影现象越严重。

若要减弱中空玻璃室内重影现象，可相对提高其中一个玻璃面的反射率，突出该面反射亮度，呈现单一清晰影像。

在夜景观察要求高的场合，可采用减反膜来降低玻璃的室内反射率，弱化影像干扰。

79. 什么是钢化玻璃的应力斑？

钢化玻璃的应力斑是指在特定的角度观察时玻璃表面呈现明暗不同的斑纹。应力斑主要是钢化玻璃的应力结构产生的，应力结构可使入射光产生干涉，局部应力的不均匀导致该处产生部分偏振光，从而呈现出明暗不同斑纹的光学现象。图 40 是选择应力斑最明显的角度拍摄的透明钢化中空玻璃的应力斑。应力斑是钢化玻璃的固有特征，可通过调整钢化生产线状态及优化钢化工艺减弱但仍不能完全消除，戴着偏光镜

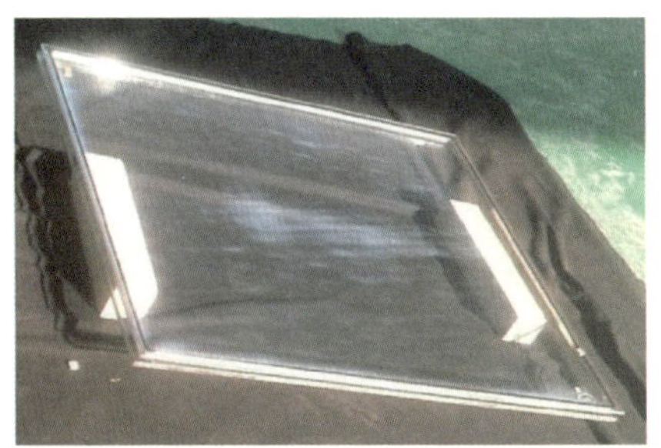

图 40　透明钢化中空玻璃应力斑照片

观察可看得更明显。

ISO/TC160N57E 标准的描述是："在一定的光照条件下（偏振光下）可见到钢化玻璃各向异性（色圈），这种现象是钢化玻璃的特征。"

80. 哪些因素会使应力斑看起来更严重？

以下因素可使应力斑看起来更严重：

（1）多片钢化、半钢化玻璃叠加的结构。例如夹层中空玻璃由三块钢化玻璃构成，它的应力斑就比中空玻璃看起来严重，这是因为光线透过一片钢化玻璃时已经产生了部分偏振光，再经过第二块钢化玻璃后偏振光叠加，经过的钢化玻璃越多则叠加现象越严重，光线偏振方向相同或相近叠加区域是透明的，光线偏振方向垂直或相差角度大的叠加区域透过的光线减弱，看起来更暗，这会使应力斑更严重，在玻璃加工厂多片钢化玻璃堆积码放时可以看到这种现象。形象地说，这就像两把梳子叠加，梳齿方向相同时透的光多，梳齿方向垂直时透的光少。

（2）玻璃的透光率偏高，反射率偏低。玻璃的透光率偏高、反射率偏低时反射出来的背景光线弱，压不住应力斑的光，因此应力斑看起来会明显些。如果玻璃的反射率高，反射出的背景光亮度大，就会淹没应力斑的光。

（3）外部环境产生的部分偏振光。外部环境也会产生偏振光，北向天空散射阳光后会产生部分偏振光，周边建筑物的漫反射光也含有部分偏振光，这使同样的钢化玻璃面向北时或许应力斑看起来明显。

（4）室内装修未装修的影响。幕墙竣工后室内尚未装修时室内属于暗环境，此时观察玻璃会发现应力斑比较明显，这是因为室内墙壁、天花板和地面粗糙灰暗吸收光线，室内几乎没有漫反射光出射，这就凸显了应力斑的亮度。图 41 是某建筑室内装修前的照片，可明显看到应力斑。一旦完成室内装修，会增强室内出射的漫反射光，这样就能弱化应力斑的影响或者说应力斑被掩藏了。图 42 是同一栋建筑装修后的照片，对比两张照片可以看出，室内装修后几乎已看不到应力斑，这说明室内装修对弱化应力斑的影响是巨大的。

图 41　某工程室内未装修前拍摄的应力斑照片

图 42　同一工程室内装修后拍摄的应力斑被掩藏的照片

81. 为什么镀膜玻璃小角度观察会产生偏色现象?

自然光是复合色光，由不同波长的单色光组合而成。Low-E 膜层由多层不同折射率的透明材料构成，不同波长的单色光在同一透明材料中的折射率也不同。当自然光被玻璃镀膜面反射时，不同单色光在膜层内经多次干涉反射发生反射相对偏移，导致颜色发生变化。一般情况下，干涉膜层层数越多，偏色现象越明显，越容易看到。炫彩玻璃正是利用这一光学原理制成的。

观察角度越小则光程差越大，反射相对偏移越大，视觉观察到的颜色偏差越大，即偏色现象。通俗地说，在正面看到的 Low-E 玻璃的颜色与在侧面看到的同一玻璃颜色有差异，是正常的。

四、功能与应用

82. Low-E 膜在使用功能上如何划分?

在现行国家标准《镀膜玻璃》中 Low-E 膜按使用功能分为传统型和遮阳型。

凡遮阳系数 $Sc \leqslant 0.5$ 的均属于遮阳型,凡遮阳系数 $Sc > 0.5$ 的均属于传统型。这样划分主要是为了应对不同气候区域的节能要求。传统型 Low-E 玻璃追求更高的遮阳系数,这对仅冬季采暖而夏季不需制冷的气候地区是非常必要的,尤其适用于我国严寒地区的居住建筑;遮阳型 Low-E 玻璃可有效限制阳光中的热能,适用于其他气候区域的居住建筑和大多数气候区域的公共建筑,尤其是玻璃幕墙建筑。

83. Low-E 玻璃在夏季是如何起作用的?

夏季室外温度高于室内,环境产生的远红外辐射主要来自室外,Low-E 玻璃可以将其反射出去,从而阻止热量进入室内。对来自室外的太阳直接辐射,遮阳型 Low-E 玻璃可将其大部分反射出去,从而降低空调的制冷费用。

84. Low-E 玻璃在冬季是如何起作用的?

冬季室内温度高于室外,远红外辐射主要来自室内,Low-E 玻璃可以将其反射回室内而保持热量不外泄。对来自室外的太阳辐射,传统型 Low-E 玻璃可大量允许其进入室内,这部分热量被室内物体吸收后又转变成远红外辐射而被留在室内,从而节省采暖费用。

85. Low-E 中空玻璃朝向哪个方位安装最好? 朝北是否同样起作用?

不论 Low-E 玻璃朝向哪个方向安装都不影响其发挥作用。在冬季,Low-E 玻璃主要向内反射室内产生的热辐射;在夏季,Low-E 玻璃主要向外反射来自阳光直接照射和室外环境的热辐射。因此,哪个方向都适合安装 Low-E 玻璃。虽然朝北方向基本没有太阳直射,但夏季北向也存在环境产生的水平红外线辐射,因而 Low-E 玻璃同样起作用。

86. Low-E 膜位于中空玻璃的哪个面合适?

由于耐候性的问题,离线 Low-E 膜不能位于中空玻璃的外露表面,通常位于中空玻璃气体腔内侧表面即 2 号面或 3 号面,4 号面或 5 号面,但离线无银 Low-E 膜或在线 Low-E 膜可以位于中空玻璃的室内侧表面。每个气体腔内只需一个玻璃面有 Low-E 膜即可,若同一个气体腔的另一面玻璃上也有 Low-E 膜并不能明显提高其节能性。在单腔中空玻璃中,Low-E 膜既可以位于 2 号面也可以位于 3 号面,但需要注意这将造成节能参数的巨大差异。

Low-E 膜位于 2 号面或 3 号面,中国标准的传热系数 K 完全相等,美国标准的冬季 U 也相同,这说明冬季保温性能相同、保温效果无差异。Low-E 膜位于 3 号面时遮阳系数 Sc 要比位于 2 号面时高出 15% 以上,阻挡阳光热辐射的效果显著变差。表 7 是两款 Low-E 中空膜位于 2 号面与 3 号面的参数对比。

表 7　Low-E 中空膜位于 2 号面与 3 号面的参数对比

玻璃结构	膜面位置	透光率（%）	传热系数 K $[\text{W}/(\text{m}^2 \cdot \text{K})]$	遮阳系数 Sc
6LE+12A+6C	2 号	71	1.79	0.61
	3 号	71	1.79	0.69
6C+12A+6LE（3 号）	2 号	35	1.66	0.31
	3 号	35	1.66	0.51

注:LE 表示 Low-E 膜,A 表示空气层,6C 表示 6mm 白玻。

对追求遮阳效果的建筑而言,Low-E 膜位于 2 号面合适,这类建筑包括各气候区域的公共建筑,除严寒地区以外的居住建筑。对严寒地区的居住建筑而言,冬季获取阳光热能的需要远高于夏季遮阳的需要,因此 Low-E 膜位于 3 号面或更合适。

87. Low-E 夹层玻璃为何节能性差?

只有当 Low-E 膜层与空气接触时才能有效减少玻璃表面与空气之间的换热量,从而降低玻璃的传热系数 K,获得更好的节能效果。若 Low-E 膜层位于夹层玻璃内，此时与空气接触的是裸玻璃面，表面换热率与普通玻璃相同，因此不能降低夹层玻璃的 K，丧失了限制温差传热的优点，湮没了 Low-E 膜的保温性。但 Low-E 膜本身反射红外线的特性会部分保留，尽管远不如 Low-E 中空玻璃，也仍具有一定的遮阳效果。

实测的试验数据更能说明问题，为了对比，分别用绿玻夹层玻璃、同样结构的 Low-E 夹层玻璃（膜在夹层内）、同种 Low-E 膜的中空玻璃试验（光热参数见表 8），采用 300W 的红外灯距玻璃约 30mm 同时照射 30min 后测量玻璃另一面的表面温度，结果如图 43 所示。

表 8　Low-E 中空、Low-E 夹层、绿玻夹层玻璃的主要光热参数

玻璃种类	玻璃结构	透光率（%）	传热系数 K ［W/（m² · K）］	遮阳系数 Sc
LE 中空	6 绿玻 LE+12A+6C	60	1.8	0.43
LE 夹层	6 绿玻 LE+0.76PVB+6C	60	5.3	0.51
绿玻夹层	6 绿玻 LE+0.76PVB+6C	69	5.3	0.59

注：LE 表示 Low-E 膜，A 表示空气层，PVB 表示夹层膜材料，C 表示白玻。

试验结果显示 Low-E 夹层与无 Low-E 夹层玻璃的温度值基本相等，这与两者 K 相等情况吻合，相差的 1℃ 应是 Low-E 降低了后片玻璃所吸收热量造成的，这与两者遮阳系数的差异情况吻合，同样的 Low-E 膜构成中空玻璃节能效果就非常优异。

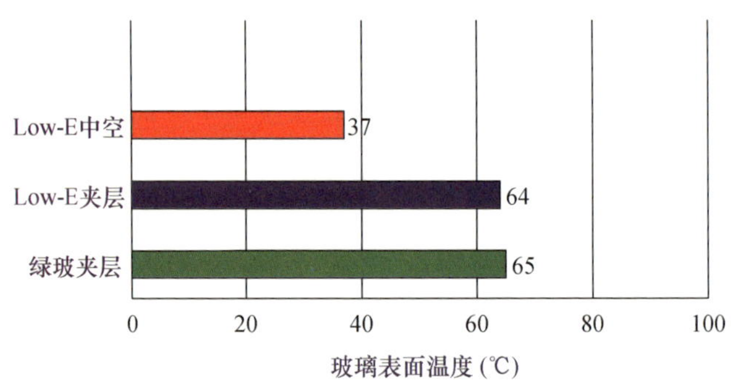

图 43　Low-E 中空、Low-E 夹层、绿玻夹层玻璃红外灯照射后实测背面温度

需要强调的是，虽然 Low-E 膜位于夹层内部时节能性损失很大，但如果

能够位于玻璃外表面对节能性还是有不可忽视的贡献，这一点在无银 Low-E 室内面的应用中已经谈及。

88. 怎样用光热比 *LSG* 判断 Low-E 玻璃是单银、双银、三银？

拿到一款 Low-E 玻璃后，无论玻璃结构是中空、夹层中空还是其他结构，根据供应商提供的该款玻璃性能参数表中的透光率 T 和得热系数 $SHGC$ 计算出光热比 *LSG*，并据此判断出属于哪种 Low-E 玻璃。国内外商业化生产的 Low-E 基本都可据此判断出种类，用户据此判断的准确率高达 99%。对极个别的 Low-E 玻璃品种，光热比或处于范围的临界点，可由专业人士结合其他因素（K、外观颜色等）做出判断。

89. 影响 Low-E 中空玻璃传热系数 *K* 的因素有哪些？

中空玻璃传热系数的计算公式太烦琐，就不在此列出了，若有兴趣，可查看现行《建筑门窗玻璃幕墙热工计算规程》（JGJ/T 151）或《建筑玻璃应用技术规程》（JGJ 113）。根据传热系数 K 值计算公式中涉及的变量可以确定影响 K 值因素有气体间隔层（气体腔）数、各气体层的厚度、各气体腔内气体的热阻、各片玻璃内表面的辐射率、各片玻璃厚度之和。其中玻璃厚度的影响微弱，研究其他 4 个因素对 K 值的影响趋势和程度可为制造更节能的中空玻璃指明方向。

90. Low-E 中空玻璃气体层厚度是否越厚越好？

以常用的单腔 Low-E 中空为例，通过测量不同空气层厚度的 Low-E 中空玻璃可以得出 K 随空气层厚度的关系（图 44），其中中国标准 K 和美国标准冬季 U 曲线基本吻合，空气层为 6mm 时 K 最高，为 9mm 时 K 降低了约 0.4W/（$m^2 \cdot K$）。当降至 12mm 时 K 达到最低值，因此 12mm 应是最佳的空气层厚度。当空气层厚度再增加时 K 反而逐渐升高了，结果显示气体层并不是越厚越好，而是有一个最佳厚度 12mm。

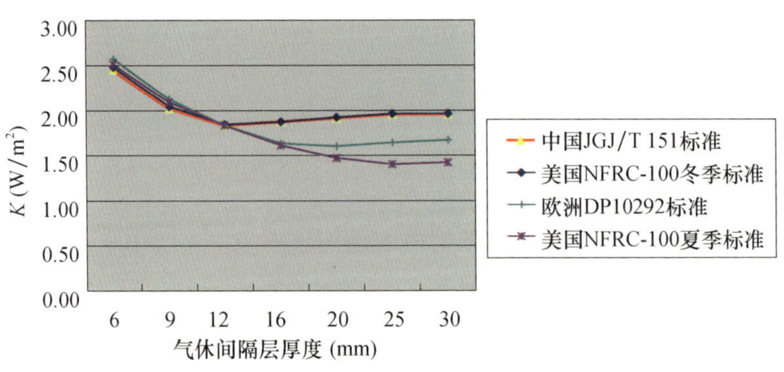

图 44　Low-E 中空玻璃的 K 随空气层厚度变化曲线

是什么原因造成了这个反转现象呢？实际上气体层传递热量有两个途径：第一个途径是分子层面的，通过气体分子之间的相互碰撞扩散将热量传递到另一端，气体层越厚则传递过程中分子损失能量越多，宏观上的表现就是气体层越厚其热阻值就越大，热量传递的就越少，这个途径传递的热量与气体层厚度成反比。第二个途径是气体定向流动层面的，与热玻璃表面（冬季靠室内面）接触的气体受热后生产向上定向流动的趋势，而与冷玻璃表面（冬季靠室外面）接触的气体则产生向下定向流动的趋势，结果就形成了气体环流传热，气体层厚度薄时由于受到气体内部黏滞力的限制仅能形成小范围的环流，因此所传递的热量很少，而气体层厚度增大时黏滞力的限制减弱，形成的环流范围增大，传递的热量随之增多，这个途径传递的热量与气体层厚度成正比。简单地说，气体层薄时第一个途径的传热占据主导地位，K 值随气体层厚度增大会降低，气体层厚到一定程度时第二个途径的传热占据主导地位且影响更大，此时 K 就会增大。

为什么欧洲标准和美国标准夏季 U 不遵循上述规律呢？其实也是遵循这个规律的，如果气体层两侧玻璃的温度差很小，即热玻璃不够热、冷玻璃不够冷，那么靠近玻璃表面的气体所产生的定向流动趋势就很弱，气体环流传递的热量仅在气体层更厚时才能占据主导地位，因此最佳气体层厚度会随着两片玻璃之间的温差减小向厚延伸。中国标准和美国标准冬季条件室内外温差近 40℃、气体层的最佳厚度在 12mm；欧洲标准条件室内外温差 15℃，气体层的最佳厚度在 16mm；美国标准夏季条件的温差最小仅 8℃，故气体层的最佳厚度为 25mm（图 44）。

91. 中空玻璃充惰性气体对传热系数 K 有多大贡献？

中空玻璃充惰性气体的目的是降低传热系数 K 并提高隔声性能，为此需选择分子量大、热阻值高于空气、自然界含量丰富且易于制备的惰性气体，氩气无疑是最佳选择。充氩气后能对中空玻璃的 K 做出多大的贡献呢？为了对比方便，仍采用与上一问题中相同的 Low-E 中空玻璃，充 85% 的氩气后测得的 K 数据见图 45。对比图 44 与图 45 可以得出两个结论：首先充氩气后无论气体层厚度如何，K 都降低了，气体层薄（12mm 以下）降低的幅度大 [约 0.3W/（m² · K）]，气体层厚（12mm 以上）降低的幅度小 [约 0.2W/（m² · K）]，这说明惰性气体限制分子碰撞换热非常有效；其次充氩气后 K 随厚度变化的趋势与空气相同，即最佳气体层厚度值也落在 12mm。

由此可见，充氩气可降低 K 约 0.2W/（m² · K），需要注意的是氩气的实际充装率不可能达到 100%，因为空气中就含有氩气，在充气过程中纯氩气会与空气混合而降低氩气的纯度，无论充气速率多慢这种混合过程都是无法避免的。自动化中空生产线的充装率一般可达到 85% 以上，因此用 Window 软件计算 K 参数时切勿选 100% 氩气，因为计算出来也是虚假的理论值，因为实际值根本达不到。

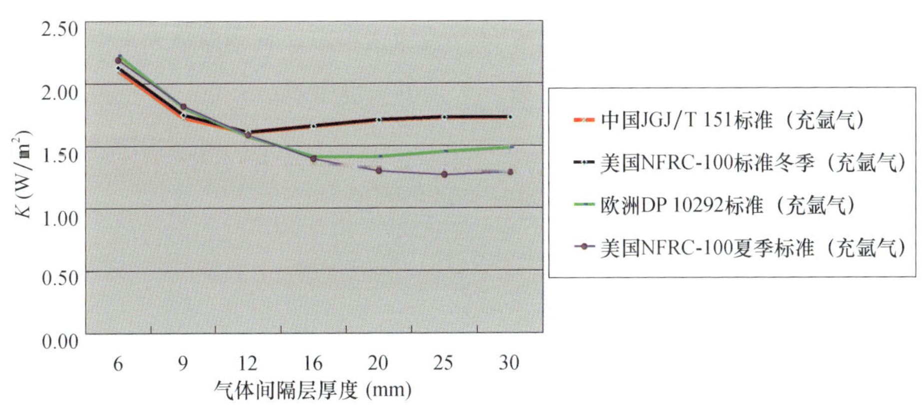

图 45 Low-E 中空玻璃的 K 随氩气层厚度变化曲线

92. 中空玻璃充氩气的浓度是如何规定的?

中空玻璃氩气灌充浓度以初始浓度核计,在我国中空玻璃标准《中空玻璃》(GB/T 11944—2012)中规定:充气中空玻璃的初始气体含量应≥85%(体积分数)。

中空玻璃的密封系统,虽然表面上看是密封的,但是实际上存在一定的气体渗漏情况。氩气的渗漏率受到密封胶种类、间隔条接缝密封处理的影响。不同的密封胶对氩气密封性能不同,丁基胶最优,聚硫胶次之,结构胶最差。

充氩气的中空玻璃在工艺稳定的情况下,应依照标准进行气体密封耐久性能试验,该试验要求从 –18~53℃经历 56 个循环,并在 58℃、相对湿度＞95% 时,保持 7 周的时间来验证中空玻璃的密封性能。试验后的惰性气体含量≥80%,即为合格的充氩气中空玻璃。

需要说明的是,按标准要求中空玻璃的预期寿命为不少于 15 年,只要中空玻璃腔内仍保持一定的氩气浓度,对节能都是有贡献的。

93. 中空玻璃充惰性气体有哪些利弊?

中空玻璃充氩气可以降低传热系数 K,同时可提高计权隔声量 R_w,这可提高中空玻璃的节能性能和隔声效果,这是有利的一面。但必须认识到充装的氩气会泄漏,随着时间的推移,中空玻璃的 K 也会随氩气泄漏而升高,实际设计中如果依据充氩气的初始 K 计算暖通诸参数,就会面临未来供暖量不够的风险,这是不利的一面。从投入产出的角度来看,充氩气中空玻璃在寿命期内获得节能回报远大于充氩气的费用,这是有利的一面,因此值得做,但在设计取值时最好取充与未充氩气 K 的中间值为好。

94.Low-E 玻璃的辐射率对中空玻璃 K 的影响有多大?

通过镀 Low-E 膜降低玻璃的表面辐射率从而大幅降低中空玻璃的 K,是提升中空玻璃节能性能最有效的技术手段,目前尚无新的技术可以替代它。Low-E 膜技术对遮阳性能的提升前面已经谈到过，进一步降低 Low-E 膜的辐射率肯定会降低中空玻璃的 K，但降低的幅度有限，图 46 是 6mm LE+12A+6mm 结构的 Low-E 中空玻璃的 K 随 Low-E 膜辐射率变化的曲线。从图中可以看出即便辐射率降至 0.01 的超低水平，K 也不过从 1.8W/（$m^2 \cdot K$）降至 1.6W/（$m^2 \cdot K$）左右，与充氩气获得的效果相当，但制造难度和成本却非常大，因此不值得专门为此花费代价。好在我们为追求遮阳性能而制造双银、三银 Low-E 时附带获得了低辐射率。

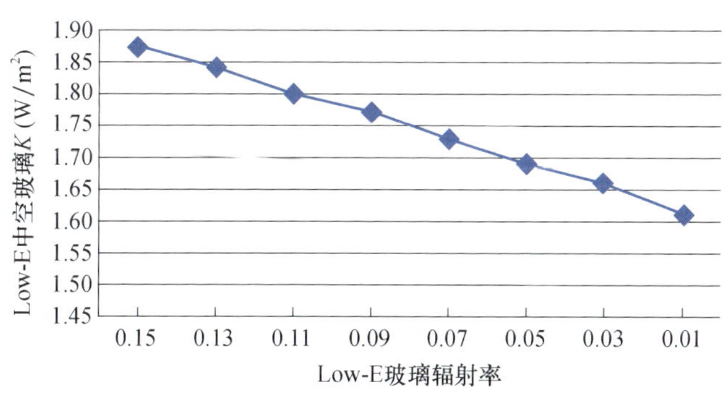

图 46　Low-E 中空玻璃中膜层辐射率与 K 的关系曲线

95. 室内面 Low-E 膜对降低中空玻璃 K 能做出多大贡献？

室内面 Low-E 膜技术就是在玻璃的室内侧表面镀 Low-E 膜，这要求膜层必须耐磨损、抗划伤、耐腐蚀，目前新技术制造的无银 Low-E 膜和传统的在线 Low-E 膜可以满足室内环境的使用要求，为什么这样能进一步降低 K？

室内、外通过玻璃传递的热量由 3 部分构成：①室外空气与玻璃表面交换的热量，简称室外换热；②透过玻璃本体传递的热量，简称玻璃传热；③室内空气与玻璃表面交换的热量，简称室内换热。以往仅在玻璃本体上花功夫，例如做成中空、真空玻璃并在其内部玻璃表面上镀膜等，这些技术手段只能降低玻璃传热。要想降低室内、外空气与玻璃表面的换热量，也可采用镀 Low-E 膜降低表面辐射率实现，因室外的环境对膜层的耐受性要求非常高，目前的技术实现起来有难度，故暂不考虑在室外换热上做文章，但是可用室内面 Low-E 膜减少室内换热，与原来仅靠玻璃传热的贡献降低 K 变为玻璃传热 + 室内换热的共同贡献降低 K，其优点在于既不改变玻璃结构又不增加玻璃质量。常用夹层玻璃、单银 Low-E 中空玻璃加室内面 Low-E 膜的参数对比见表 9。

表 9　常用夹层玻璃、单银 Low-E 中空玻璃加室内面 Low-E 膜的参数对比

名称	玻璃结构	透光率（%）	传热系数 $[W/(m^2 \cdot K)]$	遮阳系数 Sc	太阳红外热能总透射比 g_{IR}
LE 中空	6LE+12A+6C	56	1.85	0.52	0.35
LE 中空 + 无银 LE	6LE+12A+6LE（4 号）	54	1.53	0.49	0.30
LE 中空 + 无银 LE（充氩气）	6LE+12Ar+6LE（4 号）	54	1.35	0.48	0.30

注：LE 表示 Low-E 膜，A 表示空气层，Ar 表示充氩气，6C 表示 6mm 白玻。

对比 K 可以看出，加室内面 Low-E 膜（无银 Low-E）后，单银 Low-E 中空的 K 降低至 1.53W/（$m^2 \cdot K$），若充氩气则可降低至 1.35W/（$m^2 \cdot K$），降幅非常可观。

96. 隔热 PVB 夹层玻璃与室内面 Low-E 膜结合有什么优势？

PVB 膜是最常用的夹层玻璃中间层材料，隔热 PVB 膜是在其中添加具有红外线吸收功能的纳米陶瓷材料制成的，隔热 PVB 夹层玻璃具有很高的透光率，同时又具有很强的对太阳红外热辐射的吸收率，从而极大地衰减了透过玻璃的太阳直接辐射热（图 47），但因为吸热的缘故，玻璃本身温度偏高。此外，其传热系数 K 与普通夹层玻璃相当 $[约 5.2 W/（m^2 \cdot K）]$，保温性能没有改善。形象地说，在这种玻璃后面晒着太阳不热，摸着玻璃热。尽管如此，隔热 PVB 夹层玻璃显著降低遮阳系数 Sc 值的特点使其具有广泛的用途，作为透明遮阳板玻璃，特别适用于开放空间不需要保温但需要遮阳的部位，例如室外广场的玻璃采光遮阳顶棚或开发空间的玻璃采光顶。

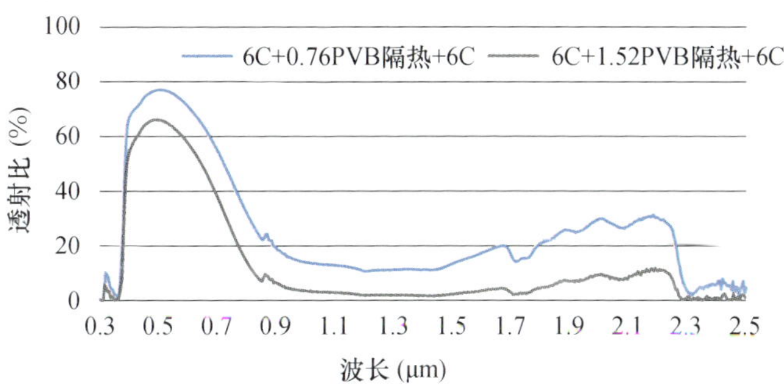

图 47　隔热 PVB 夹层玻璃的太阳光谱透过曲线

隔热 PVB 夹层玻璃的不足之处是传热系数 K 高、保温性能差，为了弥补这一缺陷，可利用室内面 Low-E 膜降低 K 的优势，将隔热 PVB 夹层玻璃与室内面 Low-E 组合成"隔热 PVB 夹层 Low-E 玻璃"，这样可将两者的优势合二为一，既能发挥隔热 PVB 降低遮阳系数 Sc 的优势，又能体现 Low-E 膜降低 K 的贡献。组合后隔热 PVB 夹层 Low-E 玻璃的光热性能大为改善，太阳光谱红外波段的透射比进一步降低（图 48），尤其可抑制波长在 1.5~2.3μm 波段偏高的红外热辐射透射比。

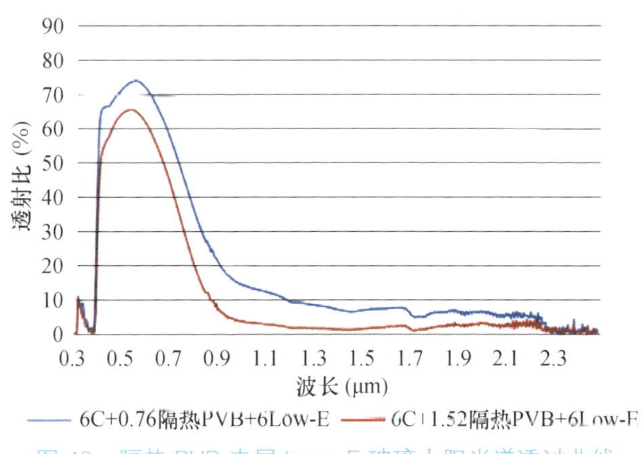

图 48　隔热 PVB 夹层 Low-E 玻璃太阳光谱透过曲线

与普通夹层玻璃相比，隔热 PVB 夹层 Low-E 玻璃的遮阳系数 Sc 由 0.89 降至 0.49，传热系数 K 由 5.2W/（m^2·K）降至 3.4W/（m^2·K），降幅均高达 34% 以上（表 10），节能性能显著提升，在无法或不便于安装中空玻璃的部位采用隔热 PVB 夹层 Low-E 玻璃，不失为最佳选择。

表 10　普通 PVB 夹层、隔热 PVB 夹层、隔热 PVB 夹层 Low-E 玻璃参数对比

名称	玻璃结构	透光率（%）	传热系数 K $[W/(m^2\cdot K)]$	遮阳系数 Sc	太阳红外热能总透射比 g_{IR}
普通 PVB 夹层	6C+1.52PVB+6C	87	5.2	0.89	0.82
普通夹层 + 无银 LE	6C+1.52PVB+6LE（4 号）	86	3.4	0.85	0.70
隔热 PVB 夹层	6C+1.52 隔热 PVB+6C	64	5.2	0.57	0.40
隔热 PVB 夹层 + 无银 LE	6C+1.52 隔热 PVB+6LE（4 号）	62	3.4	0.49	0.29

注：1.52 表示 PVB 胶片厚度为 1.52mm，LE 表示 Low-E 膜、4 号表示无银 Low-E 膜位于室内面。

97. 多腔 Low-E 中空玻璃对降低 K 能做出多大贡献？

我们已经知道单腔中空玻璃的气体层厚度超过 12mm 后因气体定向环流传热量增多而导致 K 值升高，如果插入一片玻璃或其他板材分隔气体层，就会限制气体环流传热，叠加后气体层的总厚度可以很大，既能增大气体总热阻又降低环流传热量，这就是多腔中空的优势。表 11 列出多腔中空玻璃不同 Low-E 膜层配置的主要光热参数。

表 11　多腔中空玻璃不同 Low-E 膜层配置的主要光热参数

名称	中空玻璃结构	透光率（%）	传热系数 K $[W/(m^2\cdot K)]$	遮阳系数 Sc	太阳红外热能总透射比 g_{IR}
双腔白玻	6C+12A+4C+12A+6C	74	1.76	0.77	0.70
双腔白玻（充氩气）	6C+12Ar+4C+12Ar+6C	74	1.63	0.77	0.70
单腔 LE	6LE+12A+6C	72	1.81	0.65	0.46
单腔 LE（充氩气）	6LE+12Ar+6C	72	1.53	0.65	0.45
双腔 LE	6LE+12A+4C+12A+6C	65	1.33	0.60	0.41

续表

名称	中空玻璃结构	透光率（%）	传热系数 K $[W/(m^2 \cdot K)]$	遮阳系数 Sc	太阳红外热能总透射比 g_{IR}
双腔 LE（充氩气）	6LE+12Ar+4C+12Ar+6C	65	1.15	0.60	0.41
双腔双 LE	6LE+12A+4LE+12A+6C	57	1.03	0.53	0.32
双腔双 LE（充氩气）	6LE+12Ar+4LE+12Ar+6C	57	0.84	0.52	0.31
双腔三 LE	6LE+12A+4LE+12A+6LE（6 号）	56	0.92	0.50	0.28
双腔三 LE（充氩气）	6LE+12Ar+4LE+12Ar+6LE（6 号）	56	0.76	0.50	0.29

注：以典型的高透单银 Low-E 膜为例对比，LE 表示 Low-E 膜，A 表示空气，Ar 表示氩气，室内面膜为无银 Low-E。

对比表中参数可以得出如下结论：

（1）双腔白玻中空的 K 与单腔 Low-E 中空相当，但质量多出 10kg/m^2、厚度多出 16mm，安装它需要更大尺寸的窗框、更耐用的开启窗铰接件，因此综合费用未必低。实际上早期研发 Low-E 膜就是为了降低玻璃的质量和厚度尺寸，如今不应这样做。

（2）双腔 Low-E（单层 Low-E）仅增加气体腔就使 K 降低至 1.33W/（m^2·K），低于 1.4W/（m^2·K）这个台阶值，因为低于此值的玻璃与规模化生产的 K 为 2.5W/（m^2·K）的断热型材窗框配合，可将整窗的传热系数降至 1.8W/（m^2·K）以下。假设在整窗外立面中玻璃的面积占 70%，框的面积占 30%，加权平均计算整窗 K 如下：

$$整窗的 K = 玻璃 K \times 70\% + 窗框 K \times 30\%$$

$$= 1.4 \times 0.7 + 2.5 \times 0.3$$

$$= 1.73 [W/(m^2 \cdot K)]$$

（3）内部再增加一层 Low-E 构成双腔双 Low-E 后，K 降低至 1W/（m^2·K）左右，由此可见增加气体腔和增加 Low-E 膜的贡献同样非常大。玻璃的 K 低于 1.0W/（m^2·K）是第二个台阶值，与 K 为 2.5W/（m^2·K）的断热型材窗框配合，可使整窗的 K 低于 1.5W/（$m^2 \cdot K$），加权平均计算整窗 K 如下：

$$整窗的 K= 玻璃 K \times 70\%+ 窗框 K \times 30\%$$

$$= 1.0 \times 0.7+2.5 \times 0.3$$

$$= 1.45 \left[W/（m^2 \cdot K）\right]$$

（4）室内面 Low-E 膜的作用同样巨大，如果把所有能降低 K 的技术手段都用上，例如双腔体、充氩气、内层双银 Low-E 膜、室内面为无银 Low-E 膜，则 K 可降低至 0.7W/（$m^2 \cdot K$）以下，这是玻璃的第三个台阶值，与最好的断热型材窗框 [K 低于 1.8 W/（$m^2 \cdot K$）] 配合，可将整窗的 K 降低至 1.0W/（$m^2 \cdot K$），加权平均计算整窗 K 如下：

$$整窗的 K= 玻璃 K \times 70\%+ 窗框 K \times 30\%$$

$$= 0.7 \times 0.7+1.8 \times 0.3$$

$$= 1.03 \left[W/（m^2 \cdot K）\right]$$

98. 实用多腔中空怎样配置玻璃更合适？

中空玻璃的外侧玻璃承担荷载，内部分隔气体腔的玻璃会通过气压变化传递部分荷载，为了减轻中空玻璃的总质量，内片玻璃应尽可能薄些，但传递荷载又要求它不能太薄，可以通过在内片玻璃上钻孔（直径 10mm 左右）平衡两侧气压解决这个矛盾，此时的内片玻璃可视为透气的弹性面板材料，计算玻璃承受的荷载时可忽略它的存在。以往中空玻璃的内片多采用 4mm 厚的玻璃，钻孔后可以采用薄至 2mm 的玻璃，为了增加玻璃的抗温差变化能力，也可采用 2~3mm 钢化玻璃。目前国内已能制造薄玻璃钢化生产线，生产工艺也趋于成熟，修订后的相关应用标准不再限定内片玻璃厚度，因此已具备实际应用的条件，可规模化推广使用。图 49 是已用于幕墙的双腔中空玻璃照片，其中间层玻璃为 3mm 白玻，ϕ10mm 的孔清晰可见。

图 49　南玻 B 办公楼用的双腔中空（10 三银 Low-E+12A+3C+12A+6C）

99. 高透光玻璃如何做好隔热性能？

当建筑需要良好的光照时，需选择高透光性能的玻璃。但是玻璃透光率高，夏季可能带来更多的透过热。因此，设计中应选择可见光透射比 T_v 高、太阳红外热能总透射比 g_{IR} 低的玻璃，三银 Low-E 正是为满足此目的而设计制造的。太阳红外热能总透射比 g_{IR} 可直观地理解为透热率，与人体感知太阳辐射热的程度直接相关。

相同透光率情况下，太阳红外热能总透过比和热感知见表 12。

表 12　相同透光率情况下，太阳红外热能总透过比和热感知

T_v (%)	g_{IR} (%)	辐射热感知	Low-E 种类
65	30	非常热	单银 Low-E
62	12	热	双银 Low-E
65	4	舒适	三银 Low-E

从表中参数可看出，三银 Low-E 透光率高达 65%，透热率 g_{IR} 仅为普通 Low-E 的七分之一，人体几乎不会有太阳照射的热感，完美地解决了高透光和低透热的平衡问题。

100. 为什么遮阳系数 Sc 已不能真实反映 Low-E 玻璃的隔热性能?

遮阳系数衡量的透过能量中包含紫外线、可见光和红外线的能量，但对建筑节能产生影响的主要是太阳光中的红外线热能。对建筑热工而言，太阳光中的可见光产生的热效应低到可忽略不计。遮阳系数相同意味着透过玻璃的太阳能总量相等，但透过玻璃的太阳红外热能的多少与 Low-E 膜种类有关，而且差异非常大，因此可以推断其节能性差别必然巨大。

遮阳系数是目前国际上仍在采用的衡量玻璃隔热性能的参数，用以衡量透明玻璃、着色玻璃、阳光控制镀膜玻璃的隔热性能非常准确，因为这些玻璃的太阳光谱透过曲线基本是平直线（图 50），即可见光区域与红外热区域的光谱透过率相当，不同的玻璃在同一个基础上比较，区分出相对高低即可。对 Low-E 玻璃来说，可见光透过可以很高、红外线透过可以很低，曲线形态可以很苗条（图 50），换句话说 Low-E 玻璃的透过曲线形态变了，不再是直线形而是凸起的山形，因此再用遮阳系数衡量肯定就不准确了，必须探求新的衡量参数，即找到合适的尺子量高度。那么什么参数才能准确衡量透过玻璃太阳热能呢?

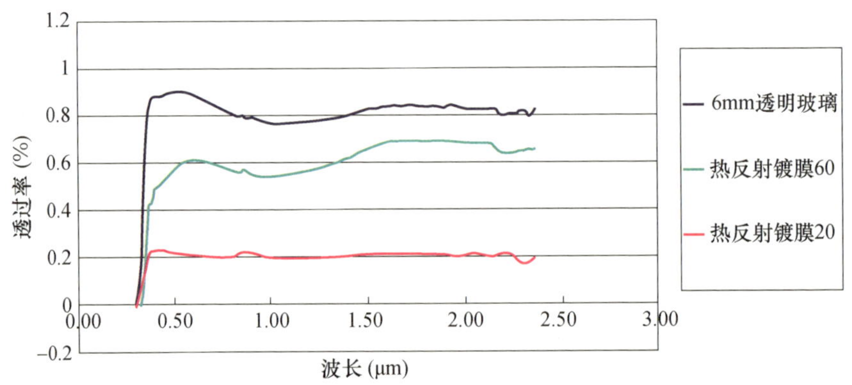

图 50 6mm 透明玻璃、透过率 20%、60% 的热反射镀膜玻璃太阳光谱透过曲线

101. 太阳红外热能总透射比 g_{IR} 能准确衡量玻璃的遮阳性能吗?

既然太阳光中的红外线热辐射透过玻璃的多少决定了建筑玻璃节能性，

那么"太阳红外热能总透射比 g_{IR}"就是准确的衡量参数，《建筑玻璃 可见光透射比、太阳光直接透射比、太阳能总透射比、紫外线透射比及有关窗玻璃参数的测定》（GB/T 2680—2021）规定，太阳红外热能总透射比是在太阳光谱的近红外波段 780~2500nm 内，直接透过玻璃的太阳辐射强度和玻璃吸收太阳能经二次传热透过的部分之和与该波长范围入射太阳辐射强度的比值。简单点说就是太阳光中的红外线热辐射能量有多少，透过玻璃后的热辐射能量还剩多少，再加上玻璃晒热后传递的热能，就是透过玻璃的热能总量。这个透过热能总量与太阳光中热能总量的比值就是 g_{IR}，显然这正是我们真正需要的节能参数，它才能准确衡量玻璃的隔热性能。

102. 不同气候区域选择玻璃节能参数应偏重什么？

玻璃的节能参数有两个指标——遮阳系数 Sc 和传热系数 K，这两个指标哪个对建筑节能的贡献大，既取决于建筑物所在地区的气候条件，也取决于建筑物的使用功能。

建筑节能设计标准根据不同气候区域给出了门窗或玻璃幕墙的限定性指标，在满足该指标的前提下，空调能耗占比更大的地区应选择更低遮阳系数的玻璃，例如夏热冬暖地区。研究显示该地区全年能耗中太阳辐射造成的能耗约占 85%，而温差传热的能耗仅占 15%，显然该地区必须最大限度地遮阳才能获得最好的节能效果。采暖能耗占比更大的地区应选择更低传热系数的玻璃，例如严寒地区夏季时间短，而冬季时间长且室外温度低，保温成为主要矛盾，更低的 K 更有利于节能。实际上无论哪个气候区域，K 无疑越低越好，只是降低 K 也是要花代价的，如果它在节能贡献中占的比重小就不必追求。可以得出这样的结论：K 越低则保温性能越好，它对建筑节能的贡献从北到南逐渐降低，在满足节能标准规定的前提下，可根据成本因素考虑是否需要更低 K。遮阳系数 Sc 越低，对夏季节能越有利，对冬季节能越有弊，存在异议较多的是夏热冬冷地区的居住建筑、寒冷地区的公共建筑要不要进一步遮阳的问题，可根据建筑的使用功能进行分析，做出利大于弊的选择。

103. 透光率相同时双银、三银 Low-E 突出了什么优点？

透光率相同时双银、三银 Low-E 突出了阻挡更多太阳热辐射的优点。图 51 是三款透光率相同的单银、双银、三银 Low-E 的太阳光谱透过曲线。图中竖线左侧是可见光区域，曲线的高度接近，说明这三款 Low-E 玻璃的透光率相当。竖线右侧是红外线区域，该区域曲线下包容的面积（大致为三角形）反映太阳直接透过玻璃的热能。单银 Low-E 包容的面积最大，双银次之，三银 Low-E 包容的面积最小，因此透过的太阳热能最少，隔热性能最好。这三款 Low-E 中空玻璃的主要光热参数见表 13，尽管它们的透过率相当但遮阳系数相差巨大，三银的遮阳系数 Sc 最低，其次是双银，单银最高。

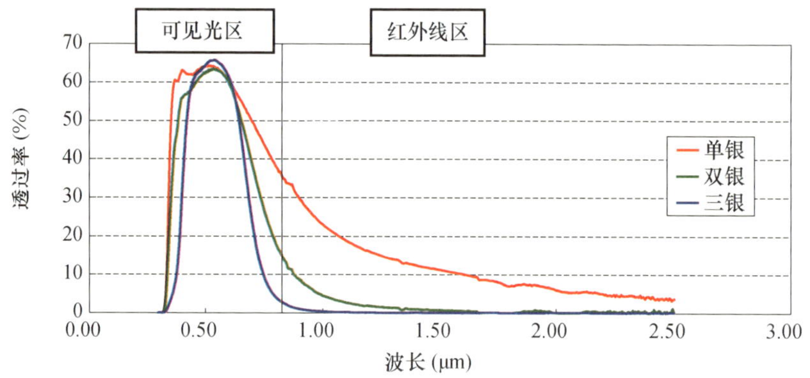

图 51　单银、双银、三银 Low-E 的太阳光谱透过曲线

表 13　图 51 中单银、双银、三银 Low-E 中空的主要光热参数

玻璃种类结构	透光率（%）	传热系数 K [W/（m²·K）]	遮阳系数 Sc
6 单银 LE+12+6C	65	1.8	0.55
6 双 LE+12A+6C	63	1.7	0.40
6 三银 LE+12A+6C	65	1.6	0.33

注：LE 表示 Low-E 膜，A 表示空气层，6C 表示 6mm 白玻。

104. 遮阳系数 Sc 相同的单银、双银、三银 Low-E 的隔热性能有差别吗？

现行节能设计标准以遮阳系数衡量玻璃的隔热性能，以此判断的话遮阳系数相同的产品隔热性能应该是一样的，事实果真如此吗？

图 52 是三款遮阳系数 Sc 同为 0.38 的单银、双银、三银 Low-E 玻璃的太阳光谱透过曲线，遮阳系数相同意味着这三条曲线下包容的面积相当，但曲线的高低形状明显不同，三银 Low-E 在太阳红外线区域的曲线最低，因此透过它的太阳热能应该是最少的，手持红外线测量仪测得的对比数据和人体实际感知的辐射热度对比都证实这一结果。显然这三款遮阳系数相等的 Low-E 玻璃的隔热性能是有差别的，但是遮阳系数相同又告诉我们它们的隔热性能一样，为什么会出现这样的矛盾？这就是遮阳系数已经不能真实反映玻璃的隔热性能需要，启用红外热能总透射比 g_{IR} 的原因。

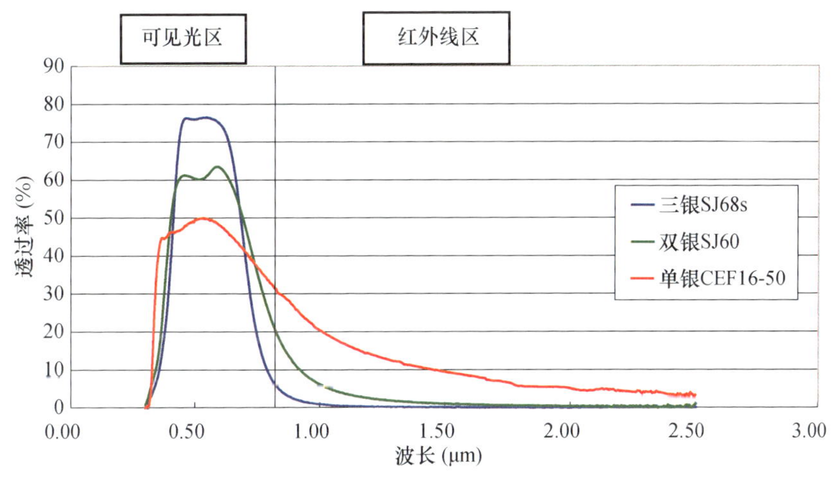

图 52　遮阳系数相同的单银、双银、三银 Low-E 玻璃的太阳光谱透过曲线

105. 透光率相同的单银、双银、三银 Low-E 有怎样的 g_{IR}？

仍以前述透光率相同的单银、双银、三银 Low-E 产品为例，由 Window 软件计算得出的太阳红外热能总透射比 g_{IR} 列于表 14。对比表中参数可以看出，用遮阳系数 Sc 衡量遮阳效果，双银 Low-E 的 Sc 仅比单银的降低了约 28%，对改善玻璃遮阳性能的贡献比重不大，似乎不必花代价追求。若用太阳红外热能总透射比 g_{IR} 衡量的话，双银的 g_{IR} 比单银降低了 60%，这意味着透过双银的太阳热能仅为透过单银的 40%，这可就值得花代价追求了。再来看看三银，透过它的太阳热能仅为透过单银的 13%、双银的 33%，对玻璃遮阳性能的贡献做到了极致，三银 Low-E 真正达到了"透光不透热"的境界，这就太值得花代价追求了！

表 14　透光率相同的单银、双银、三银 Low-E 中空的主要光热参数

玻璃种类结构	透光率（%）	传热系数 K $[W/(m^2 \cdot K)]$	遮阳系数 Sc	太阳红外热能总透射比 g_{IR}
6 单银 LE+12A+6C	65	1.8	0.55	0.30
6 双银 LE+112A+6C	63	1.7	0.40	0.12
6 三银 LE+12A+6C	65	1.6	0.33	0.04

注：LE 表示 Low-E 膜，A 表示空气层，6C 表示 6mm 白玻。

106. 遮阳系数相同的单银、双银、三银 Low-E 的 g_{IR} 有多大差别？

前已述及遮阳系数相等的单银、双银、三银的节能性存在差别，但这个差别到底有多大呢？表 15 是前述遮阳系数同为 0.38 的三款 Low-E 产品的光热参数。对比表中参数可以看出，双银的太阳红外热能总透射比仅为单银的 38%，这说明又有多达 60% 的太阳热能被挡在了室外，对空调节能贡献的比例之大超乎想象。三银 Low-E 的遮阳性能更为优异，其 g_{IR} 仅为单银的 14%，即便与双银相比，又多减掉了 60% 的太阳热能。因此尽管遮阳系数相同，它们的节能性能仍然差别巨大。

经过上述对比，我们可以得出这样一个结论：对三银 Low-E 玻璃而言，选择时仅须考虑透光率、反射率和外观颜色等因素，根本不必考虑遮阳系数的值，因为无论其遮阳系数 Sc 多大，其透过玻璃的太阳红外热能总量都不超过 4%，遮阳性能已经达到了超级高的水平。

表 15　遮阳系数 Sc 相同单银、双银、三银 Low-E 中空的主要光热参数

玻璃种类结构	透光率（%）	传热系数 K $[W/(m^2 \cdot K)]$	遮阳系数 Sc	太阳红外热能总透射比 g_{IR}
6 单银 LE+12A+6C	45	1.8	0.38	0.21
6 双银 LE+12A+6C	55	1.7	0.38	0.08
6 三银 LE+12A+6C	69	1.6	0.38	0.03

注：LE 表示 Low-E 膜，A 表示空气层，6C 表示 6mm 白玻。

107. 什么是水平红外线辐射？

水平红外线辐射是太阳照射大气、地面、建筑物产生的室外环境热辐射，沿水平方向来自四面八方，其辐射强度与季节和区域环境有关，夏季辐射强度高、热感强，城市区域较郊区田野区域辐射强度高。波长为 2.5~4.5μm 的红外热辐射有相当部分可直接透过普通透明玻璃，这就是夏季即便阳光没有直接照射，我们站在玻璃窗前面也会有明显热感的原因。

108. 水平红外线辐射有多强？

据广东省建筑科学研究院和福建省建筑科学研究院测量，夏热冬暖地区夏季环境中的水平红外线辐射强度约为 $180W/m^2$。有关测量表明在夏热冬冷地区，夏季城市中的水平红外线辐射强度在 $150~180W/m^2$。这个数值大吗？值得我们关注吗？看看以下的数据你就会得出结论：

我国绝大部分地区夏季中午时的太阳辐射强度平均值为 $1000W/m^2$，对门窗来说这个角度的太阳照不进室内，能照进室内时太阳已经偏斜了，现行《建筑门窗玻璃幕墙热工计算规程》（JGJ/T 151）根据我国的气象条件规定，照进窗玻璃的太阳辐射强度，夏季平均值为 $500W/m^2$，其中约一半是红外线热辐射即 $250W/m^2$，这就是夏天下午 4 时左右我们晒太阳时感受的热量，与之相比 $180W/m^2$ 的水平红外线辐射强度是无论如何都不能忽视的。

109. 怎样才能有效地阻挡水平红外线辐射？

水平红外线辐射的波长大于 2μm，而普通透明玻璃在波长 2~4.5μm 波段仍有相当高的透过率，水平红外线热能正是由这个窗口区的玻璃透过的，要挡住它就必须堵住这个窗口区。Low-E 玻璃在波长大于 2.5μm 的区域透过率非常低，尤其双银 Low-E 和三银 Low-E 基本为零，因此可有效地阻挡这部分热能透过玻璃。图 53 是单银 Low-E 和双银 Low-E 在波长 0.3~4.5μm 波段的光谱透过曲线。从图中曲线可以看出，单银尚有这个波段的部分红外线透过，双银已将其完全屏蔽。

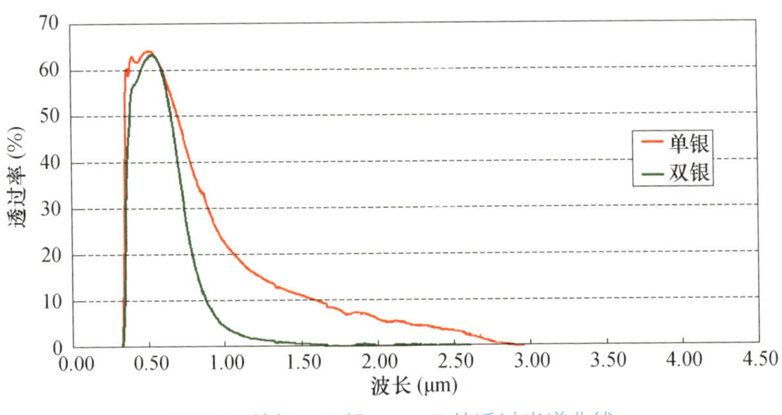

图 53　单银、双银 Low-E 的透过光谱曲线

110. 水平遮阳板能阻挡住水平红外线辐射吗?

　　水平遮阳板可非常有效地遮挡太阳直接照射，这是因为阳光与水平方向呈一个角度，只要水平遮阳板之间的间距合适，就能阻挡直射阳光通过。但对同样呈水平方向辐射的环境红外线来说，水平遮阳板之间的空隙就是通道，因此它无法阻挡水平红外线进入室内，这就需要其后的玻璃承担阻挡红外线的功能，因此即便采用了水平遮阳板，仍需要采用 Low-E 配合，才能获得最佳遮阳效果。图 54 是水平红外线透过水平遮阳板示意图。

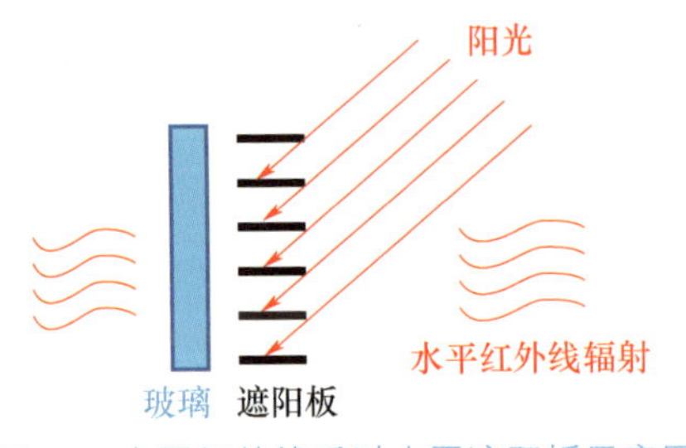

图 54　水平红外线透过水平遮阳板示意图

111. 玻璃采光顶的设计应关注哪些因素?

　　玻璃采光顶设计除考虑建筑结构设计外，还应关注玻璃结构如何配置、玻璃透光率控制在多少、太阳热能透过率限制到多少等问题，合理地处置这些问题，会使采光顶的安全性更可靠、光感更合适、太阳照射的热感更舒适，以下就此分析有关因素并提出建议。

（1）典型的采光顶玻璃结构。典型的采光顶玻璃结构为夹层中空玻璃，外片（上片）玻璃应能承受风荷载、雨荷载、雪荷载、维修承重荷载和部分冲击动荷载，足够厚度的钢化玻璃可以满足要求；内片（下片）玻璃应具备破裂后自身不坠落、不飞溅，同时能防止上片玻璃破裂后的碎片及其他重物穿透的功能。半钢化夹层玻璃是最佳选择，因为半钢化夹层玻璃破裂后仍具有残余刚度维持支撑，而钢化夹层玻璃有一片破碎后另一片也很难持续保持完整，一旦两片都破碎，就变成了柔性面料，没有丝毫的残余刚度维持支撑，整体脱落的风险及脱落后造成的危害极大，因此应慎重选用。典型的玻璃结构为 Low-E 钢化玻璃 +16A+ 半钢化玻璃 +PVB+ 半钢化玻璃。

其中上片钢化玻璃的挠度必须小于下片半钢化夹层玻璃的挠度，这是为了避免上片玻璃在荷载作用下弯曲过大，压缩中空气体层甚至压迫到下片玻璃，中空气体层增大至 16mm 也基于这个考虑。应注意半钢化夹层玻璃的厚度看起来比单片钢化玻璃厚，但挠度未必小于单片钢化玻璃，应按夹层玻璃的等效厚度计算其挠度。

（2）合适的透光率。采光顶透光率选择不能仅凭直觉，我们对玻璃透光率的感知经验多来自立面窗玻璃，而窗玻璃仅面对半个天空的背景光源，但采光顶将面对整个天空的背景光源，因此安装在窗部位玻璃看起来透光率不高，一旦安装到采光顶会感觉到太透太亮，这就是光源照度增加一倍的结果造成的错觉。设计时应注意使采光顶玻璃的透光率宁低勿高，控制在 35%~45% 是合适的，这个范围的透光率既不影响自然采光和看天空云彩，又不至于光线刺眼。透光率再高，竣工后就要加装遮光帘了。

（3）降低阳光照射的燥热感。这归结为遮阳的问题，前面已大篇幅讨论了如何有效阻挡太阳热辐射的问题，首先要选择遮阳系数低的玻璃 Low-E，但我们知道仅此是远远不够的，还必须参考玻璃的太阳红外热能总透射比，因为它才是衡量我们真实感受到的太阳热辐射的多少，这些参数控制在多少合适呢？

笔者早年用笨办法做的试验结果可供参考：选择不同遮阳系数的热反射镀膜和单银 Low-E 玻璃，邀请多人直接在中午阳光照射下举着玻璃感受热辐射，此时的太阳辐射强度大约为 1000W/m²，太阳红外热辐射强度约为 500W/m²，将各人的感受汇集换算后可推断出人体热感与太阳热辐射强度值的联系。

试验结果显示人体接受的太阳辐射强度在 100~200W/m² 时有微热感，小于 100W/m² 后几乎感受不到热感，之所以数值范围这么大，一是各人的感受有差异，二是未区分热反射镀膜与 Low-E 膜，现在知道这两类膜的太阳红外热能总透射比相差太大，根据现在已知的玻璃太阳红外热辐射透射比数值，可以反推出人体接受到的纯太阳热辐射强度（不含可见光）小于 50W/m² 时可基本消除太阳直接照射的热不舒适感。

据此，采光顶选择各类 Low-E 玻璃的参数可以参考以下数据：

采用单银 Low-E 时，$Sc \leq 0.3$，此时透过的太阳热辐射强度小于 80W/m²；

采用双银 Low-E 时，$Sc \leq 0.38$，此时透过的太阳热辐射强度小于 50W/m²；

采用三银 Low-E 时，不论 Sc 值多少，透过的太阳热辐射强度都小于 20W/m²。

由此可见，采光顶选择双银或三银 Low-E 较合适。

112. 如何设计采光顶的玻璃保温性能？

常用采光顶玻璃为夹层中空玻璃。中空玻璃水平安装与竖直安装热对流状态不同。中空玻璃水平安装比竖直安装传热系数 U 更高，见表 16。

表 16　采光顶玻璃与立面玻璃的 U 对比

玻璃种类与配置	安装角度	K 值 $[W/(m^2 \cdot K)]$
6 单银 LE+12A+6C/1.52PVB/6	90°	1.78
	0°	2.38
6 双银 LE+12A+6C/1.52PVB/6	90°	1.67
	0°	2.32
6 三银 LE+12A+6C/1.52PVB/6	90°	1.58
	0°	2.30

注：LE 表示 Low-E 膜，A 表示空气层，6C 表示 6mm 白玻。

可见，中空玻璃水平状态下的对流传热 K 比竖直状态下高出 25% 或更多。此影响因素在采光顶保温设计时应予以考虑。采光顶 K 的降低可以采用增加中空腔数、附加室内面 Low-E 的方式予以改善，见表 17。

表 17　采光顶玻璃的配置与参数

玻璃种类与配置	$K\left[\,W/\left(m^2 \cdot K\right)\,\right]$
6LE+12A+6C/1.52PVB/6 无银 LE	1.99
6LE+12Ar+6C/1.52PVB/6 无银 LE	1.76
6LE+12A+6C+12A+6C/1.52PVB/6 无银 LE	1.42
6LE+12Ar+6C+12Ar+6C/1.52PVB/6 无银 LE	1.25

注：LE 表示 Low-E 膜，A 表示空气层，Ar 表示氩气层，6C 表示 6mm 白玻。

113. 公共建筑是否应选择更低遮阳系数的玻璃？

公共建筑的特点是：①门窗幕墙的密封性好，不宜随意开窗通风，室内电气设备产生的热量和透过玻璃进入的太阳热能会在室内聚集，即便在过渡季节，仅靠自然通风换气也不易带走室内聚集的热量；②基本在白天使用，此时阳光照射持续聚集热量，尽管这些热量在夜晚会散发出去，但白天仍聚集在室内，要想温度适宜只能被迫开空调去除这些热量；③夏季为克服阳光热能所花费空调能耗远大于冬季阳光补充采暖所节省的暖气能耗，这是因为夏季阳光的照射强度远大于冬季，且日照射时间更长。这三个特点决定了公共建筑的门窗、幕墙应选择遮阳系数 Sc 尽可能低的玻璃，这样才能取得最佳的节能效果。广东省建筑科学研究院对北京、重庆地区的公共建筑（写字楼、酒店等）全年用电量的统计分析结果证实了这一结论。

重庆地区公共建筑全年用电量统计如图 55 所示。夏季是用电量高峰期，其中空调是电耗的主力，写字楼的电耗远高于其他建筑，即便在过渡季节也是如此。重庆是典型的夏热冬冷气候区，这个气候区的公共建筑必须进一步遮阳才能有效降低全年电耗，选择双银或三银 Low-E 中空玻璃能获得最佳节能效果。

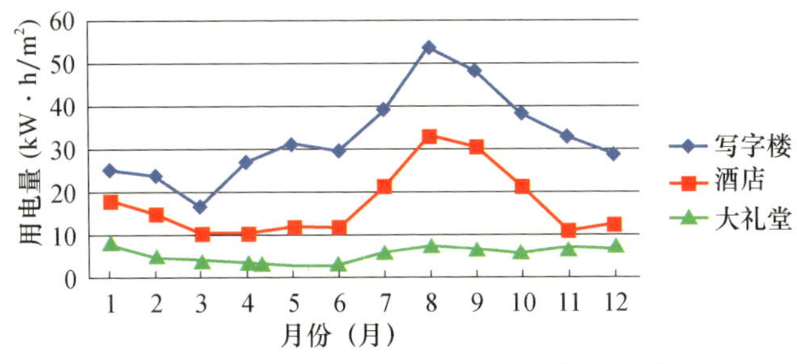

图 55　重庆地区公共建筑全年用电量统计

北京地区属于典型的寒冷地区，公共建筑全年用电量统计如图 56 所示。这个地区的公共建筑该不该遮阳？对比以下实际采集的数据可以得出结论：

写字楼年空调电耗约 170kW·h/m²，年采暖能耗为 30~90kW·h/m²；

酒店年空调电耗约为 150kW·h/m²，年采暖能耗为 40~90kW·h/m²；

商场年空调电耗约为 310kW·h/m²，年采暖能耗为 10~60kW·h/m²。

显然北京公共建筑的空调能耗高于采暖能耗，这说明寒冷地区的公共建筑也必须遮阳才能有效降低全年电耗，同样双银、三银 Low-E 中空玻璃是最佳选择。笔者曾建立模型计算分析过严寒地区公共建筑的能耗，得出的结论与寒冷地区的情况基本相同，即该地区的公共建筑也应该遮阳，尽管遮阳获取的节能回报小于寒冷地区但绝对值得追求。

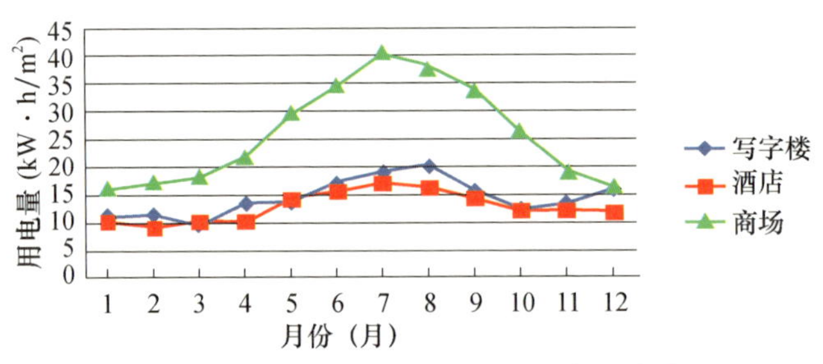

图 56　北京地区公共建筑全年用电量统计

114. 居住建筑选择玻璃应偏重哪个节能参数？

居住建筑的特点与公共建筑恰好相反：①便于开窗通风；②夜晚使用为

主；③冬季需要阳光采暖。这些特点决定了夏热冬冷地区的居住建筑保温性能更重要，玻璃的遮阳系数适中为好，0.5 是合适值。这是因为即便是夏季，居住建筑白天的使用天数也远少于夜晚，绝大多数情况是在太阳即将落山或夜晚时使用空调，开启空调前开窗通风就能有效地散失白天室内聚集的太阳热量，而此时太阳已经落山了，遮阳与否无关紧要。更高的遮阳系数是否更好？考虑到夏季阳光热辐射和室外水平红外热辐射带来热感，适当遮阳还是十分必要的，因此遮阳系数不宜再高。冬季适中的遮阳系数不会过多限制进入室内的阳光，有助于室内采暖。对西立面的窗，遮阳系数一定要低，宁可牺牲冬季的阳光采暖，也要保证夏季阳光西晒时不热。前已述及，夏热冬暖地区的居住建筑必须遮阳，寒冷地区和严寒地区的居住建筑除西立面外遮阳系数适当高些，有利于平衡节能性和舒适性。

115. 什么是隔声量及如何表征？

隔声量是指构件对空气声隔声性能的单值评价指标，单位为分贝（dB）。不同的标准对隔声量定义不同，常用的有计权隔声量 R_w 和隔声等级 STC，以及室外 – 室内透声等级 OITC。

计权隔声量 R_w：按中国标准《建筑隔声评价标准》（GB/T 50121—2005）采用空气声隔声的单值评价量指标。其是按标准规定的方法测得的 100~3150Hz 频率范围内各 1/3 倍频程或倍频程的隔声量来确定的，与国际上通用的隔声性能单值评价指标方法相同。

空气声隔声频谱修正量：考虑了噪声频谱特性后所要加到单值评价量上的修正值（单位为 dB）；分为粉红噪声修正量 C 和交通噪声修正量 C_{tr}。

粉红噪声是自然界最常见的噪声，粉红噪声修正量用于修正此环境下的噪声评价指标，以 R_w+C 表示。交通噪声主要指机动车辆在市内交通干线上运行时所产生的噪声，交通噪声修正量用于修正受交通噪声影响环境下的噪声评价指标，以 R_w+C_{tr} 表示。

隔声等级 STC：按美国标准《建筑和建筑构件空气声隔声性能实验室

测试方法》（ASTM E90：2004）测得的 125~4000Hz 频率范围内的传声损失（Sound Transmission Loss）利用数值计算法或曲线比较法计算而得的隔声性能单值评价指标，在美洲地区使用较为普遍。

室外－室内透声等级 OITC：按美国标准《室外－室内透声等级测定分类》［ASTM E1332：90（2003）］中定义的一种也是由标准 ASTM E90：2004 规定的方法测得的传声损失值进行计算而得到的一个隔声性能单值评价指标。与隔声等级 STC 相比，它是一个可以较为综合地评价建筑构件对低频交通噪声（飞机起飞、低速轨道交通和公路交通等）隔声性能好坏的较为理想的计权声级评价量，计算频率为 80~4000Hz。

116. 玻璃的隔声性能如何衡量？怎样配置玻璃才能获得最佳隔声效果？

玻璃的隔声性能用计权隔声量 R_w 或传声级 STC（Sound Transmission Class）衡量，单位是分贝（dB）。中国标准采用 R_w，欧美标准多采用 STC，这两个参数的数值略有差异，同一块玻璃的 STC 等于或略低于 R_w。

分析玻璃的隔声问题需要了解玻璃隔声性能服从的定律、人耳对声音的主观感知程度与计权隔声量的关系，之后才能合理配置玻璃结构获得最佳隔声效果。

（1）人耳对声音的感知度。人耳感知声波的频率范围在 20~16000Hz，对声音的主观感知程度与计权隔声量值存在以下联系：

隔声量提高 10dB——听觉感知相差一倍，即感觉到噪声降低了一半；

隔声量提高 5dB——听觉可明显感知到有差别，无论听觉是否灵敏；

隔声量提高 3dB——听觉刚能感知到略有差别，耳背的人可能感知不到；

隔声量提高 1dB——人耳几乎无法辨别。

这提示我们如果要提高玻璃的隔声效果计权隔声量 R_w，至少应提高约 3dB，如果要明显提高玻璃的隔声效果，R_w 至少应提高 5dB，同时也提醒我们如无特殊要求，不必追求 1dB 的差别，因为我们根本感知不到，且测量误差大约有 1dB。

（2）玻璃隔声服从的定律。玻璃的隔声量与玻璃的质量和声音的频率成对数函数关系，服从以下定律：

$$R=20\lg M+20\lg f-47.2$$

式中　R——玻璃的隔声量（dB）；

　　　M——玻璃的单位面积质量（kg/m^2）；

　　　f——入射声的频率（Hz）。

其中与玻璃有关的仅是玻璃的质量，这说明当玻璃的尺寸确定后，玻璃越厚则隔声效果越好。

（3）提高玻璃隔声性能的措施。以上分析指出了采取有效措施提高玻璃隔声性能的方向，针对不同的玻璃，可采取以下措施提高隔声量。

单片玻璃：可以增加玻璃厚度提高隔声量。

中空玻璃：除了增加玻璃厚度还可增加气体层厚度、充惰性气体 Ar 提高隔声量，因为声波在气体中是以纵向振动的机械波传播的，传播距离越长、气体分子量越大则声波强度的损失就越大。

夹层玻璃：增加玻璃厚度以提高隔声量。试验证实增加 PVB 厚度贡献不大。

表 18 列出常用玻璃的隔声参数，实测值由中国科学院声学计量测试站依据 ISO 140-1 等标准测得，计算值由 Stccalc 软件（由美国 Grozier Technical Systems and Pugh-Lilleen Associates 编制）得出，实测值与计算值略有差异，夹层玻璃差异较大，仅供参考。

表 18　常用玻璃的隔声参数

产品名称	玻璃结构	实测值 R_w（dB）	计算值 R_w（dB）
单片玻璃	6mm	26	—
	10mm	29	—
中空玻璃	6mm+6A+6mm	31	31
	6mm+9A+6mm	33	33
	6mm+12A+6mm	35	35

续表

产品名称	玻璃结构	实测值 R_{w}（dB）	计算值 R_{w}（dB）
夹层玻璃	6mm+1.14PVB+6mm	35	39
	8mm+1.52PVB+8mm	36	40
夹层中空	（5mm+0.38PVB+5mm）+9A+6mm	37	40
双夹层 中空	（6mm+0.76PVB+6mm）+12A+（5mm+0.76PVB+5mm）	—	41
	（8mm+1.52PVB+8mm）+12A+（6mm+1.52PVB+6mm）	—	43

注：A 表示空气层。

（4）提高玻璃隔声性能的限制。要获得最佳的隔声性能，必须综合利用玻璃厚度、中空气体层、夹层膜等各项的贡献，实践经验表明最佳的玻璃配置为不等厚的夹层玻璃＋ 16Ar ＋不等厚的夹层玻璃。考虑到经济性也可选择不等厚的夹层玻璃＋ 16Ar ＋不等厚的单片玻璃。构成复合结构玻璃中的各片玻璃厚度不相同为好，这样可避开玻璃的共振峰值。即便如此，对玻璃而言，R_{w} 大于 40dB 后再提高难度非常大，提高到 45dB 时玻璃将非常厚。

117. 隔声 PVB 夹层玻璃对隔声有多大贡献？

常用隔声 PVB 制作技术是在两层普通 PVB 的中间增加一层隔声层（夹芯层），一般为特殊树脂材料，通过挤压技术复合制成，另一种技术为在 PVB 中添加阻声材料制成。

隔声 PVB 和普通 PVB 相比，修补了 1000~4000Hz 频谱段隔声性能薄弱区域，从而提升了 PVB 材料的隔声性能。使用隔声 PVB 的单夹层玻璃比使用普通 PVB 时 R_{w} 提高 2~3dB。不同结构的夹层复合玻璃隔声 PVB 的贡献不同，实际使用时应检测验证。

118. 用于明框玻璃幕墙的中空玻璃的密封胶厚度的要求是什么？

问题的提出：竣工的玻璃幕墙在使用 3~5 年后发现 Low-E 中空玻璃大面积变色、中空玻璃内部结露，引发质量投诉。经调查，幕墙设计施工单位根据《玻璃幕墙工程技术规范》（JGJ 102—2003）标准的规定 "……明框玻璃幕墙用中空玻璃的二道密封宜采用聚硫类中空玻璃密封胶"设计中空玻璃，玻璃制造单位依据《中空玻璃》（GB/T 11944—2012）标准"中空玻璃外道密封胶厚度应≥7mm"的规定制造中空玻璃，幕墙施工安装也极为规范，现场也未发现玻璃破裂，是什么原因导致了问题的产生？

产生原因分析：造成 Low-E 中空玻璃结露变色的根本原因是中空玻璃密封胶厚度不够，安装到幕墙上使用后，夏季中空坡璃内部气体受热膨胀产生约 10kPa 的压力，这个压力同时作用到玻璃面板和边部密封胶上，7mm 厚聚硫密封胶的黏结强度和抗剪切力不足以保持间隔条不位移，因此玻璃边中间位置的间隔条被顶出玻璃边缘，导致中空玻璃结露，湿气进入中空玻璃内部引起 Low-E 膜腐蚀变色。这类案例已发生过多起，幕墙设计单位按规范设计不存在问题，玻璃制造单位按中空玻璃产品标准生产也不存在问题，幕墙建筑的业主更无责任，问题发生在标准不配套上。幕墙设计标准没有规定聚硫胶该打多厚，产品标准规定的密封胶厚度只考虑密封性能，结果黏结强度和抗剪切能力被忽略了，面对如今幕墙玻璃板块尺寸和玻璃厚度远大于十多年前的现实，这个问题更加突出，因为玻璃越厚越不易变形，这导致间隔条承受的压力越大，同时目前普遍采用的 Low-E 膜长期被湿气侵蚀会变色。

预防措施：

既然发生问题的根本原因是中空玻璃聚硫密封胶的厚度不够，那么增加密封胶的厚度就能解决问题，即便聚硫胶的黏结强度弱于结构胶，密封胶的厚度大于 10mm 也会大大降低附加压力造成的结露风险，为了提高可靠性，建议聚硫胶厚度增至 12mm。

119. 哪些因素会造成玻璃安装后破裂？

安装后的钢化玻璃可能面临以下因素的单独或综合作用，当这些作用力超出玻璃的承受强度时玻璃就会破裂，破裂的外观特征与钢化玻璃一致：

（1）挤压：安装间隙过小，玻璃热膨胀后与框挤压。

（2）热应力：在阳光的照射或其他热源作用下，玻璃中部与边部受热不均匀，在玻璃内部产生热应力。

（3）安装附加应力：安装过程带来扭曲应力。

（4）边部强度降低：玻璃崩边、爆角等缺陷使玻璃边部应力集中，强度减弱。

（5）钢化玻璃内应力：硫化镍或其他硬质缺陷产生的内应力。

玻璃安装后非人为破裂并不等于钢化玻璃自爆，导致安装后破裂的因素有多种，钢化玻璃自爆是其中的主要因素。可以从玻璃破碎的状态分布做出大致的判断，破裂点位于玻璃中部且有"蝴蝶斑"（或称"牛眼"）的基本可判定属于自爆，破裂点发自玻璃边部的基本可判定属于边部缺陷引发的破裂。

120. 什么是玻璃热炸裂？怎么预防？

玻璃热炸裂：因玻璃不同部位的温度偏差大，热胀冷缩不均匀而导致玻璃破裂的现象。玻璃热炸裂的典型外观特征。在玻璃边缘处裂缝与玻璃边缘成直角，玻璃中区的裂痕为弧形而非直线，裂纹从边缘开始，一组裂纹与边部只有一个交点，起端与玻璃边缘垂直；在玻璃中区的破裂线多为弧形线，其后分成两支，无规则弯曲向外延伸；边缘处裂口整齐，断口无破碎崩边现象。图 57 是玻璃热应力炸裂后典型裂纹示意图。

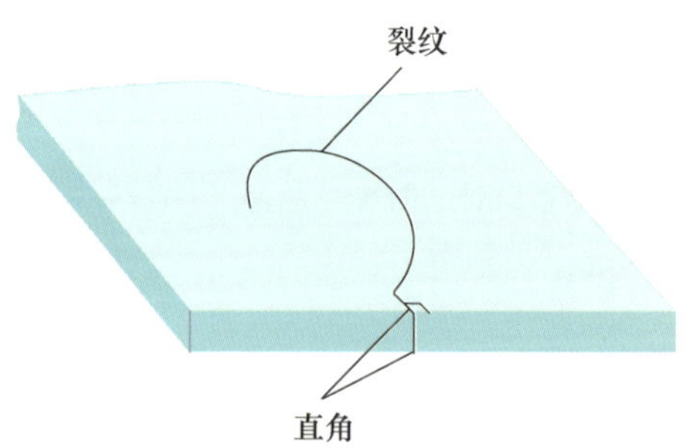

图 57　玻璃热应力炸裂的典型裂纹示意图

哪些玻璃容易产生热应力炸裂呢？实践证明未钢化的热反射镀膜玻璃、Low-E 玻璃、着色玻璃更容易产生热炸裂，因为玻璃是热的不良导体，在阳光照射下这些玻璃会吸收更多的太阳热能，使玻璃中部区域的温度明显升高，与处于铝框内部或被遮蔽部位的玻璃温度差增大，玻璃中区的热膨胀使玻璃边区产生强大的张应力，当张应力超过边部抗张强度时，就会导致玻璃热炸裂。有人可能会问，Low-E 玻璃不是反射热量的吗，怎么也吸热？想想看如果没有 Low-E 膜，太阳辐射就直接透过玻璃了，而位于玻璃背面的 Low-E 膜会把太阳辐射反射出去再次经过玻璃，这就像对玻璃二次加热。

如果采用未钢化的镀膜玻璃或未钢化的夹层 Low-E 玻璃，应按照现行《建筑玻璃应用技术规程》（JGJ 113）进行热应力计算，当计算结果不能满足热应力设计要求时，应将玻璃加工成钢化玻璃或半钢化玻璃以提高热稳定性，这样就可降低玻璃热应力炸裂的风险。

121. 如何设计玻璃预防结露？

结露多发生在北方冬季住宅室内的玻璃表面，以及其他潮湿区域，如卫生间、游泳馆的玻璃表面等，了解结露的过程及与结露有关的因素有助于预防玻璃结露的设计。

（1）结露的过程。空气中含有少量的水蒸气，其含量可用水蒸气压力 p 表示。空气中所含水蒸气的最大量值与空气的温度有关，高温空气比低温空气含有更多的水蒸气。当空气中所含水蒸气量达到最大时就称这种空气为"饱和湿空气"，对应的压力称为"饱和水蒸气压力"，用符号 p_s 表示。相对湿度 R_h 就是水蒸气压力 p 与大气压力 P 的比值，与饱和水蒸气压力 p_s 对应的相对湿度为 100%。

若空气中水蒸气的绝对含量不变而空气的温度降低，水蒸气压力 p 也随之降低，当温度降低到某一特定值 t_d 时有 $p=p_s$，此时的湿空气成为饱和湿空气。若温度进一步降低，则空气将不能容纳如此多的水蒸气，多余的水蒸气就会冷凝成液体水，这就是结露现象，此时的温度 t_d 称为露点温度或简称露点。因此，一定温度的空气所能含水蒸气的最大量也是一定的，即 p_s 是温度的单值函数，与之对应的温度 t_d 也是唯一的。换句话说，含有不同量水蒸气的空气必然对应着不同的露点温度。当空气的实际温度高于露点温度时相对湿度小于100%，当空气的实际温度降低到露点温度以下时就会产生结露现象。

日常生活中常用空气温度 T 和相对湿度 R_h 表示空气环境，假如此环境中放置一个低于环境温度的物体，则当该物体的温度低至露点温度 t_d 时其表面就会产生结露现象，例如电冰箱的门、冬季玻璃窗室内表面的结露等。也就是说在给定空气温度 T 和相对湿度 R_h 的环境中，还存在一个唯一的露点温度 t_d，是否结露取决于物体表面的温度是否高于 t_d。这样我们的问题就归结为给定 T、R_h，计算出 t_d，并控制玻璃室内表面的温度不低于 t_d，从而避免结露现象发生。

（2）露点温度 t_d 的计算。露点温度的计算可由理想气体的有关定律得出，本书直接引用有关计算公式。

在以下给定的范围内：

空气温度 T 满足 $0℃<T<60℃$；

相对湿度 R_h 满足 $1\%<R_h<100\%$；

露点温度 t_d 满足 $0℃<t_d<50℃$。

露点温度由下式确定：

$$t_d = \frac{b \cdot f(T,\ R_h)}{a - f(T,\ R_h)}$$

$f(T,\ R_h)$ 是温度 T 和相对湿度 R_h 的函数：

$$f(T,\ R_h) = \frac{a \cdot T}{b+T} + \ln(R_h)$$

式中，常数 $a=17.27$，$b=237.7$（℃）。

给定室内环境的空气温度 T、相对湿度 R_h，即可由上式计算出该环境所对应的露点温度 t_d，不过需要在 Excel 表格中编制一个简单的计算程序完成计算。

（3）判断玻璃是否结露。在给定室内空气温度 T 和湿度 R_h 的条件下，窗玻璃室内侧表面是否会结露取决于该玻璃室内表面的温度 t 是否低于露点温度 t_d，其中 t 不但与室内空气温度有关还与室外空气温度和玻璃的热阻值有关，而热阻又与玻璃的结构和品种有关。根据热平衡原理可得出 t 的计算公式如下：

$$t = T - \frac{T - T_o}{h_i \cdot R}$$

式中　t——玻璃室内侧表面温度（℃）；

　　　T——室内空气温度（℃）；

　　　T_o——室外空气温度（℃）；

　　　h_i——室内对流换热系数［W/（m^2·℃）］；

　　　R——玻璃的热阻（m^2·℃/W）。

玻璃的热阻 R 与玻璃的品种、结构有关，还与测量的环境条件有关，理论上可通过测量获得，但实际应用中我们将面对各种不同的现实环境，分别测量显然是不现实的。实际上直接用 Window 软件就可计算出玻璃室内表面温度（见第 31 问的图 4），但这个温度是标准环境条件下的值。为了最大限度地与真实情况接近，可在 Window 软件中按真实环境条件预设室内外环境温度、空气流速等参数，并计算出最接近真实情况的室内玻璃表面温度 t。比较玻璃室内表面温度 t 与计算得出的露点温度 t_d，若 t 高于 t_d 则不会结露，若 t 低于 t_d 则肯定结露。

玻璃的保温性能越好，冬季玻璃表面的温度 t 越高，在相同的室内温湿度空气环境条件下玻璃的室内侧表面越不易结露，因此提高玻璃的保温性能是防止结露的重要手段。

（4）用 Excel 表格计算露点。

首先，打开 Excel 并输入文字、数字，如图 58 所示。

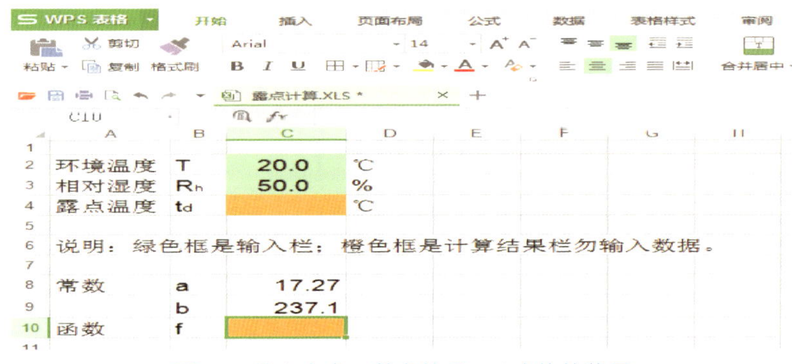

图 58　输入文字、数字的 Excel 表格的截屏

其次，单击"函数 f"的橙色栏输入计算公式，如果所建立的表格格式（行列位置）与图 58 完全一致，则在其中输入"=（（C8*C2）/（C9+C2）+LN（C3/100））"，如图 59 所示，按 Enter 键确认。

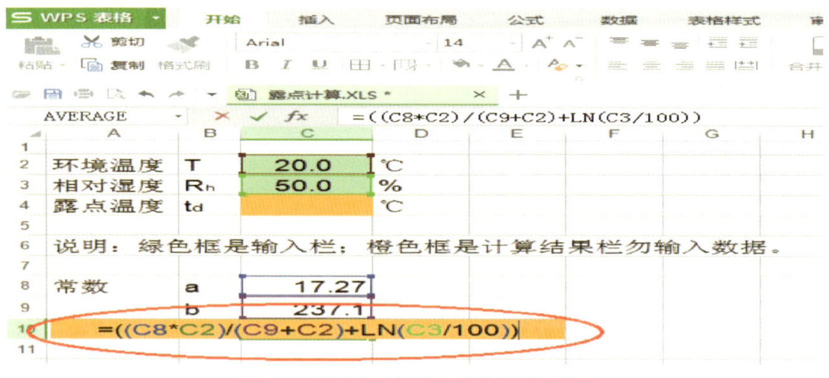

图 59　输入函数 f 计算公式的截屏

最后，单击"露点温度 t_d"的橙色框输入计算公式，在其中输入"=C9*C10/（C8-C10）"如图 60 所示，按 Enter 键确认。

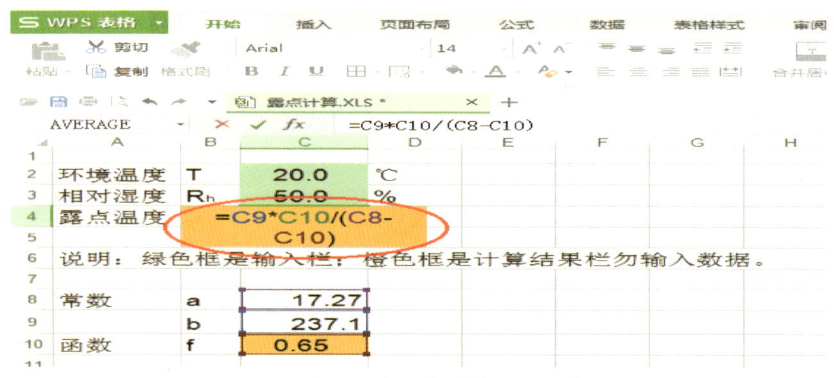

图 60　输入露点温度计算公式的截屏

现在可以计算露点温度了，例如计算室内温度 15℃、相对湿度 60% 时的露点温度，将 15.0 填入 T 栏按 Enter 键，将 60 填入 R_h 栏按 Enter 键，即可得出露点温度 t_d 为 7.3℃，结果如图 61 所示。

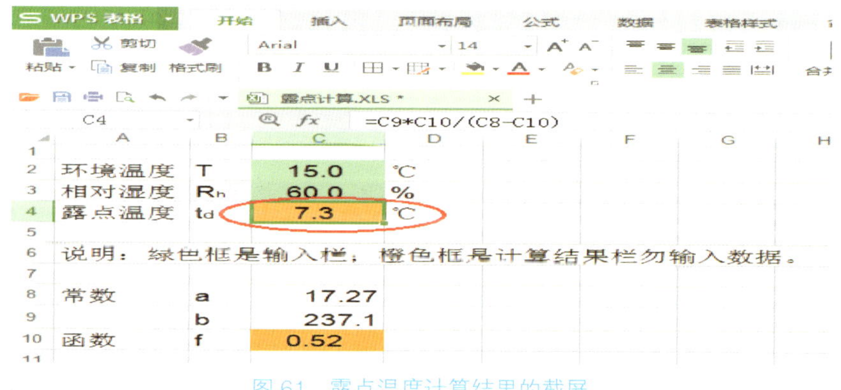

图 61　露点温度计算结果的截屏

122. Low-E 玻璃可以和防火玻璃组合使用吗？

Low-E 镀膜玻璃能否和防火玻璃结合使用，主要取决于防火玻璃的种类及再镀膜的表面质量。铯钾防火玻璃基片表面会残留微小颗粒，再镀膜后，颗粒及周边膜层沉积效果较差，会放大缺陷范围，形成针孔和斑点缺陷，不易获得满足标准的合格产品，故在产品结构设计中，应尽可能将 Low-E 镀膜片和防火玻璃片分开。

高硼硅防火玻璃满足镀膜对玻璃基片的要求时，可直接在其上镀 Low-E 膜并复合其他结构使用。

123. Low-E 玻璃对室内的植物有何影响？

Low-E 玻璃可透过可见光、部分透过紫外线，不会影响植物的光合作用，因此对绝大部分普通植物没有什么不利影响，但对依赖紫外线生长的植物有一定影响，例如深紫色的花卉植物。对特殊稀有植物的影响可请教有关植物花卉方面的专家。

124. Low-E 玻璃可以衰减多少紫外线？

Low-E 玻璃衰减紫外线的能力依品种不同而有差异，紫外线透过率在 9%~35%，这表明 Low-E 玻璃至少可以衰减 60% 的紫外线，但不能完全隔绝，因此 Low-E 玻璃不能完全避免家具褪色，但可减缓褪色。Low-E 玻璃的紫外线透射比参数可由 Window 软件计算得出，图 62 显示的是一款 Low-E 中空玻璃紫外线透射比 T_{uv}。

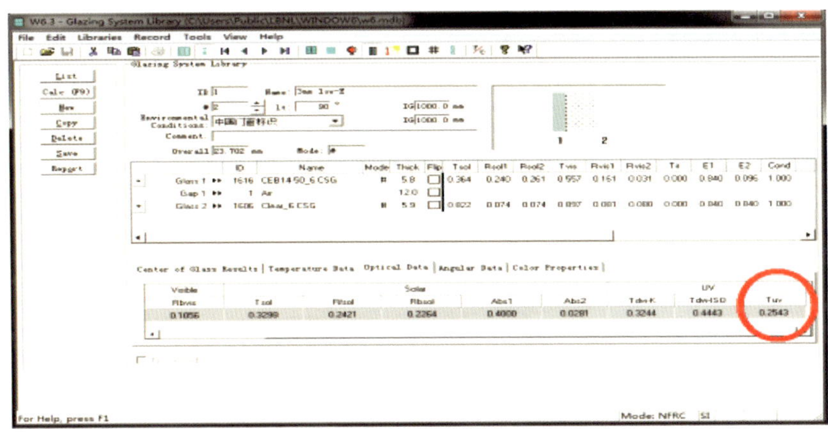

图 62　Window 6.3 软件计算 Low-E 中空玻璃紫外线透射比的截屏

125. 哪些建筑需要紫外线？哪些建筑必须限制紫外线？

是否限制紫外线透过与建筑物的功能密切相关，例如博物馆就非常有必要限制紫外线的进入，因为紫外线会对文物、字画等造成损伤；医院、阳光植物馆则需要紫外线进入，因为紫外线有助于杀菌灭毒、促进植物生长。这些建筑物在选择 Low-E 玻璃时应关注玻璃的紫外线透射比。